2017年　2017（总第18册）

主管单位：中华人民共和国住房和城乡建设部
　　　　　中华人民共和国教育部
主办单位：全国高等学校建筑学学科专业指导委员会
　　　　　全国高等学校建筑学专业教育评估委员会
　　　　　中国建筑学会
　　　　　中国建筑工业出版社
协办单位：清华大学建筑学院　　　同济大学建筑与城规学院
　　　　　东南大学建筑学院　　　天津大学建筑学院
　　　　　重庆大学建筑城规学院　哈尔滨工业大学建筑学院
　　　　　西安建筑科技大学建筑学院　华南理工大学建筑学院

顾　　问：（以姓氏笔画为序）
　　　　　齐　康　关肇邺　李道增　吴良镛　何镜堂　张祖刚　张锦秋
　　　　　郑时龄　钟训正　彭一刚　鲍家声　戴复东
社　　长：沈元勤
主管副社长：欧阳东

主　　编：仲德崑
执行主编：李　东
主编助理：屠苏南

编　辑　部
主　　任：李　东
编　　辑：陈海娇
特邀编辑：（以姓氏笔画为序）
　　　　　王　蔚　王方戟　邓智勇　史永高　冯　江　冯　路　李旭佳
　　　　　张　斌　顾红男　郭红雨　黄　瓴　黄　勇　萧红颜　谭刚毅
　　　　　魏泽松　魏皓严
装帧设计：编辑部
平面设计：边　琨
营销编辑：柳　涛
版式制作：北京嘉泰利德公司制版

编委会主任：仲德崑　朱文一　赵　琦　咸大庆
编委会委员：（以姓氏笔画为序）
　　　　　丁沃沃　马树新　马清运　王　竹　王伯伟　王建国　王洪礼
　　　　　毛　刚　孔宇航　吕　舟　吕品晶　朱　玲　朱小地　朱文一
　　　　　仲德崑　刘加平　刘　甦　刘　塨　刘克成　庄惟敏　关瑞明
　　　　　孙　民　孙　澄　杜春兰　李子萍　李兴钢　李　早　李岳岩
　　　　　李保峰　李振宇　李晓峰　时　匡　吴长福　吴庆洲　吴志强
　　　　　吴英凡　沈　迪　沈中伟　张　颀　张玉坤　张成龙　张兴国
　　　　　张　利　张　彤　张伶伶　张珊珊　陈　薇　陈伯超　邵韦平
　　　　　范　悦　周　畅　周若祁　单　军　孟建民　赵　辰　赵万民
　　　　　赵红红　饶小军　秦佑国　桂学文　夏铸九　顾大庆　徐　雷
　　　　　徐行川　徐洪澎　凌世德　唐玉恩　黄　耘　黄　薇　曹亮功
　　　　　龚　恺　常　青　常志刚　崔　愷　梅洪元　梁　雪　梁应添
　　　　　韩冬青　覃　力　曾　坚　潘国泰　魏宏杨　魏春雨

海外编委：张永和　赖德霖（美）黄绯斐（德）王才强（新）何晓昕（英）

编　　辑：《中国建筑教育》编辑部
地　　址：北京海淀区三里河路9号　中国建筑工业出版社　邮编　100037
电　　话：010-58337043　010-583
投稿邮箱：2822667140@qq.com
出　　版：中国建筑工业出版社
发　　行：中国建筑工业出版社
法律顾问：唐　玮

CHINA ARCHITECTURAL EDUCA

Consultants:
Qi Kang　Guan Zhaoye　Li Daozeng　W　　　g　g Zugang
Zhang Zugang　Zhang Jinqiu　Zheng Shiling　Zhong Xunzheng
Peng Yigang　Bao Jiasheng　Dai Fudong

President:
Shen Yuanqin

Director:
Zhong Dekun　Zhu Wenyi　Zhao Qi　Xian Daqing

Editor-in-Chief:
Zhong Dekun

Editoral Staff:
Chen Haijiao

Deputy Editor-in-Chief:
Li Dong

Sponsor:
China Architecture & Building Press

图书在版编目（CIP）数据

中国建筑教育.2017：总第18册/《中国建筑教育》编辑部编著.—北京：中国建筑工业出版社，2017.12

ISBN 978-7-112-21680-2

Ⅰ.①中…　Ⅱ.①中…　Ⅲ.①建筑学—教育研究—中国　Ⅳ.①TU-4

中国版本图书馆CIP数据核字（2017）第316959号

开本：880×1230毫米 1/16　印张：8¼
2017年11月第一版　2017年11月第一次印刷
定价：25.00元
ISBN 978-7-112-21680-2
　　（31532）

中国建筑工业出版社出版、发行（北京海淀三里河路9号）
各地新华书店、建筑书店经销
北京中科印刷有限公司印刷

本社网址：http://www.cabp.com.cn　中国建筑书店：http://www.china-building.com.cn
本社淘宝天猫商城：http://zgjzgycbs.tmall.com　博库书城：http://www.bookuu.com
请关注《中国建筑教育》新浪官方微博：@中国建筑教育_编辑部
请关注微信公众号：《中国建筑教育》
版权所有　翻印必究
如有印装质量问题，可寄本社退换
（邮政编码100037）

目 录

主编寄语

编辑手记

主编寄语

　　岁末年初，照例是总结和展望的时候，对于《中国建筑教育》的这一期来说，却总觉得有些别样的不同。在设计研究成为建筑教学基本环节之后，这一期的几篇文章在研究的方法与角度探索上行进得更远；在参数化设计渐成为一种基本设计手段之后，这一期的几篇文章让读者能从更广阔的数据信息海洋中看到如何抓到需要的参数信息，用以精准地建立生成设计"模型"的依据。这样的两组8篇文章构成了本期的核心栏目。

　　再回过头来看"特稿"，李明扬、庄惟敏的文章仔细梳理了中、英、美三国及国际建协颁布的4份建筑教育评估文件及指标体系，全面评析了中外建筑学专业评估理念的差异，为中国建筑教育与国际深度接轨给出了详细的知识铺垫。

　　"设计研究与教学"栏目刊文5篇，分别从场所、基地调研、物理环境、建筑构造、逻辑思维培养为切入点与出发点，详细解读设计教学中如何将设计的出发点建立在可分析、可推演的科学立论基础之上，让设计的起点始于扎实的数据与分析之上，从而让后续的设计阶段有着更为坚实的成立基础。

　　"信息与参数化设计"栏目选文3篇，其中盛强以空间句法理论进行数据分析与调研总结，从而建立设计依据的文章，进一步揭示了以某一主导型学科理论介入设计的研究方法与成果生成方式，具有很强的示范意义；另外两篇从实际教学出发，介绍了参数化及数字化设计教学中的构成与运行方式，颇具参考价值。

　　"建筑教育笔记"栏目再次展示了教学一线教师丰富的专业思考与多向的专业意识。3篇选材各异的文章各有千秋，专业学术趣味迥异，可读性很强。新增加的"教学管理研究"栏目选文2篇，这个栏目将把教学管理中的体系建立与经验梳解不定期推送给大家，在建筑与城规学院日益庞大、队伍日益扩张的情况下，管理的科学尤其重要。"域外视野"选文1篇，聚焦英国爱丁堡大学城市设计课程的介绍，以丰富国内教学视界。

　　本期最后选取了2篇"清润奖"大学生论文竞赛一等奖获奖论文。"乡建"与"菜市场"成为2017年参赛论文的热门选题，介入当下与关注民生，是每一位学生应当具有的家国情怀，以严谨的理论视角，剖析解读普遍的社会问题，并给出专业层面具有操作性的可行建议与解决方法，这是每一位优秀学生乃至设计师的成长必经历程。最后，要特别感谢竞赛评委、论文评审老师的鼎力支持，正是每年"十一"长假的集中审稿，保证了论文竞赛的圆满成功。部分竞赛评委对论文给出了切中肯綮的点评，并对如何进一步提升论文写作给出了明确建议。惟愿抑扬去就、切磋琢磨的功夫，持续有益于教学与文章写作，让教育回归人本，并终将以化成天下为己任。

李　东

2017 年 12 月

基于评估指标体系的中外建筑学专业评估理念差异评析

李明扬　庄惟敏

A Comparative Analysis of the Ideological Differences Between Chinese and Foreign Architectural Accreditation in the Perspective of the Validation Index System

■摘要：本文以中、美、英三国及国际建协颁布的 4 份建筑专业教育评估（认证）文件的人才培养标准指标体系作为研究对象，从表述结构及具体内容两个层面展开比较研究，揭示不同指标体系在结构和内容上的不同之处，并探讨了造成指标体系差异背后的深层次理念原因。

■关键词：建筑学专业教育评估　建筑教育认证　评估指标体系　学习成果

Abstract：In this study, the author carries out a comparative analysis of the validation index system among 4 official architectural accreditation documents worldwide. The comparison is focused on two main layers, the representative structure of the criteria, as well as the coverage of the specific capability elements. The result will be used as supporting evidences to unveil the ideological differences between Chinese and foreign architectural accreditation.

Key words：Architectural Accreditation for Professional Education；Architectural Education Validation；Criteria for Accreditation；Learning Outcome

一、引言

"教育评估"指评估机构根据一定的标准，对教育活动中各要素的状态与绩效表现进行的价值判断活动，用于评判教育活动是否能够达到预期的目标结果。教育评估不但是我国建筑学专业教育的重要质量保障手段，亦是我国建筑师注册制度的基础组成部分，是连接学校教育与职业实践的纽带。我国自 2001 年加入 WTO 以来，相关部门一直致力于推进建筑教育和建筑职业实践的国际对接，而实现教育评估制度的国际化则是这一切的前提条件之一。2008 年，中国与美国、英联邦等国的建筑教育评估认证机构共同签署了《堪培拉协议》(Canberra Accord on Architectural Education)，实现了与其他协议成员国建筑学专业教育的互认，从而使我国的建筑专业教育在国际化之路上迈出了重要的一步[1]。

在加入《堪培拉协议》之后的 9 年中，大量国内建筑院校积极开展了不少教育改革探索，在与国际主流教育理念相对接的基础上，凸显自身的教育特色，并取得了可喜的成果。不过需要注意的是，近年来较为成功的建筑教育改革成果大都集中在中微观层面，即培养方案的改革与新课程的开发；相比之下，在宏观层面，即教育理念及人才培养标准上展开的改革探索则相对较少，这是因为很多院校的教学改革都是在《全国高等学校建筑学专业教育评估文件》[2]（以下简称《评估文件》）的指标体系框架下开展的。《评估文件》是我国建筑学专业教育评估的指导性文件，是我国建筑教育同《堪培拉协议》相对接的直接依据。然而，正是因为《评估文件》与《堪培拉协议》的特殊关系，使得一些院校将《评估文件》与《堪培拉协议》相等同，并将其中有关教育目标与人才培养标准奉为建筑教育国际化改革的"基本纲领"。然而笔者认为，这种认知存在一定的谬误。《堪培拉协议》是一个基于共识的多边协议，各国建筑教育评估机构在基本共识之上仍然享有较高的政策制定自由度。中国的《评估文件》就是在《堪培拉协议》共识的基础上，结合我国的国情及教育理念所订立的，因此不能认为我国《评估文件》中的建筑教育指标体系就等同于《堪培拉协议》及各成员国的指标体系，更不能认为各成员国制定的评估（认证）标准中所蕴含的教育理念是完全相同的。特别是在人才培养标准层面，中国的《评估文件》无论是与《堪培拉协议》所依据的《UNESCO-UIA 建筑教育宪章》还是与其他国家的教育评估文件，都有较为明显的结构和理念差异，因此有必要进行仔细比较和研究。

本文选取了 4 份建筑专业教育评估（认证）标准，除中国的《评估文件》外，还包括国际建筑师协会的《UNESCO-UIA 建筑教育认证体系》[3]、美国建筑认可委员会（NAAB）的《建筑教育认可条件》[4]（以下简称《NAAB》）以及英国皇家建筑师学会（RIBA）的《建筑教育认证程序与标准》[5]（以下简称《RIBA》）。后三者在国际建筑教育评估领域都具有很大的影响力和很高的知名度。本研究将从表述结构及具体内容两个层面展开比较，试图揭示各指标体系背后蕴含的评估理念差异。鉴于本研究仅聚焦于教育理念层面，因此仅考察各评估标准中有关教育目标和人才培养标准的内容，暂不涉及教学管理及教学支撑条件的评估指标。

二、4份评估文件中人才培养指标体系的比较分析

1. 表述结构的比较分析

《评估文件》是中国建筑学专业教育评估最重要的指导文件。在我国，建筑学专业教育评估由全国高等学校建筑学专业教育评估委员会负责，只针对已经开设建筑学专业的院校，只有通过专业教育评估的院校才有权授予建筑学学士或专业

硕士学位，具备一定的选拔色彩。目前，我国通过专业评估的院校只有 60 所[6]。

在指标体系的设置方面，《评估文件》的指标体系分为两个等级，分别针对本科和硕士教育。两级指标体系的结构相同，与教育目标和人才培养标准相关的指标条款均主要位于"专业教育质量"指标大类下，且每项条款均采用"熟悉""掌握"和"运用"三个等级进行限定。然而，两级指标体系的条款内容则完全不同：本科评估标准中"专业教育质量"大项下属一个层级 34 项条款，而硕士评估标准中"专业教育质量"大项下属一个层级 9 项条款。在评价层面，《评估文件》要求学校依据"专业教育质量"指标体系进行课程开发，在自评报告中需要清晰阐明开设课程与指标体系中各项条款的对应关系，描绘课程地图（curriculum mapping），以证明所提供的学习内容能够保证培养目标的实现。

《UNESCO-UIA 建筑教育认证体系》（UNESCO-UIA Validation System for Architectural Education）是国际建筑师协会（UIA）于 2014 年推出的建筑教育认证标准，国际建协致力于将该认证标准打造为国际建筑教育互认的标准指导文件。不过由于该标准推出时间较晚，与之相关的工作还在落实中，因此尚不具有强制性。不过《UNESCO-UIA 建筑教育认证体系》中有关教育目标与人才培养标准的指标体系完全采用了《UNESCO-UIA 建筑教育宪章》[7]（UNESCO-UIA Charter for Architectural Education，以下简称《UIA》）中的内容，而后者是目前国际上使用范围最广的建筑专业教育指导框架文件，是《堪培拉协议》教育互认协议的核心参考依据，在很大程度上体现了世界建筑教育界对建筑专业人才培养的共识。我国的《评估文件》中的指标体系正是以《UIA》为依据制定的。

《UIA》共分为三部分，其中有关教育目标和人才培养标准的指标体系位于 2.3 和 2.4 两节。《UIA》的指标体系并未划分等级，但在指标体系的表述上进行了层级划分。第一层为目标（objective）层，该层级下设 16 个条目，每个条目规定了学生在接受建筑学专业教育后的一项预期学习成果（learning outcome），是教育评估的考评指标；第二层为能力（capability）层，包含 35 个小项，每个小项规定了校方在专业教育过程中需要让学生掌握的一种素质，所有 35 项素质按照种类分为设计能力（design）、知识（knowledge）和技能（skill）三个大类。这些素质是达成 13 项预期学习成果的必要保障，是指导课程开发的基本依据。目标层与能力层之间存在一定程度的对应关系。

《NAAB 建筑教育认可条件 2014》是美国建筑专业教育认可制度的指导文件，由国家建筑教育认可委员会（NAAB）制定并执行。同中国类似，美国的专业教育认证制度也是美国职业建筑师注

册制度的重要组成部分[8]。不过，NAAB 的专业认可与中国的专业评估有两个明显区别：首先，NAAB 的认可对象为培养项目（Program）而非学校，意味着一所学校可以有多个认可的培养项目；其次，NAAB 认可没有等级之分，且与项目的学历无关，意味着本科、硕士和博士项目具有相同的认可标准。NAAB 认可的独特性使得很多院校将 NAAB 认可条件中所要求的课程打包成独立的"课程模块"，便于插入不同的培养项目中。

《NAAB》中有关人才培养标准的内容主要位于 2.1 节，与中国《评估文件》采用课程地图评估教育指标的方法不同，NAAB 认证以学生表现标准（Student Performance Criterion，以下简称 SPC）作为教育评估的核心依据。具体来说，就是评估部门通过评价学生的学习成果来判断培养项目是否达到相应的教育目标。《NAAB》中基于 SPC 的指标体系分为两层：第一层为学生学习期望标准（Student Learning Aspiration，SLA），包括学生经过教育培养后期望达到的各类学习成果，分为四大项，分别为"批判性思维与表达""建筑实践、知识与技能""综合性建筑方案产出"以及"职业实践"，每个大项下又分若干小项；第二层为为了达成 SLA，培养项目需要传授给学生的支撑性专业素质，包括学生所应具备的各种知识与技能，共 26 项。4 个 SLA 大项与学习成果支撑性专业素质之间有直接的对应关系。

《RIBA 建筑教育认证程序与标准》（RIBA procedures for validation and validation criteria）是英国皇家建筑师学会颁布的建筑专业教育认证依据文件。同中国、美国一样，英国的建筑教育认证制度也是建筑师注册制度的重要组成部分，但其认证指标的表述要比中美的更复杂。

取得 RIBA 注册建筑师资质需要完成三个阶段（Part1、Part2、Part3）的学习和实践。Part 1 相当于本科教育阶段，学生需接受 3 年的建筑学基础教育。Part1 完成后需要进行为期一年的事务所实践，之后继续接受为期两年的 Part2 专业教育（相当于硕士教育），并获得 March 学位（意味着学校教育的结束）。在此之后，毕业生还需再进行为期一年的事务所实践。当完成全部 7 年的教育与实习环节后，毕业生可申请进行 part3 考试，考试通过者即可获得建筑师注册资格。

RIBA 的建筑教育认证主要针对 part1、part2 和 part3 的教育和考试项目。其中 part1 和 part2 为学位教育项目，而 part3 不属于学校教育环节，因此认证形式较为不同。part 3 的认证对象有两种：第一种为考试，即由学校自己制定考试内容，而 RIBA 负责评估考试内容是否满足其评估指标体系要求；第二种为课程学习 + 考试，这是一种非学位教育项目，在英国称为 post graduate diploma，项目教育过程可以理解为"考试培训"，由学校自主制定课程和考试内容，RIBA 负责对其进行评估。值得注意的是，英国注册建筑师体系中没有中国、美国等政府组织的统一考试，而是将评价权下放到各学校中，以 part3 的形式实现。

英国建筑教育的独特性在《RIBA》的认证指标体系中有着明显的体现。认证指标体系分为 3 个等级，这其中 Part1、Part2 的认证方法和标准与 Part3 有明显不同。Part1、Part2 的认证标准采用两层指标体系：第一层为一般性标准（General Criteria，GC），包括评估建筑教育毕业生的一系列指标，与我国《评估文件》中的指标体系类似；第二层为毕业水平（Graduate Attribute，GA），包括学生利用一般性标准中的知识和技能所能够完成的任务种类，以及各任务需要达到的水平。值得注意的是，Part1 和 Part2 指标体系所依据的一般性标准 GC 是相同的，只在毕业水平 GA 的要求上有所区别，Part2 项目毕业生的毕业水平要高于 Part1。Part3 由于采用考试的形式，因此认证标准只设置了一个层级，被认证的考试或培训只要能够实现对 part3 指标的考核效果即可。

4 份评估标准指标体系在表述结构上的特点如表 1、图 1 所示。

4 份评估标准指标体系的表述结构比较　　　　　　　　　　　　　　　表 1

	《评估文件》	《UIA》	《NAAB》	《RIBA》
标准效力	一定的强制性	推荐性	一定的强制性	一定的强制性
标准等级	2 级，分别针对本科和硕士	1 级	1 级，本科、硕士和博士通用	3 级，针对 part1、part2 和 part3
指标表述层级	单层	双层，包括教育目标及学生需掌握的能力	双层，包括学习期望目标及支撑性专业素质	part1&2 双层，包括一般性标准及学生毕业水平；part3 单层
层级间条目的对应关系	—	有一定的对应关系	支撑性专业素质与 SLA 大类有对应关系，与 SLA 小项无明确对应关系	无明确对应关系
评估依据	课程地图为主，学生作业辅助	—	学生表现，包括课程作业	part1&2 为学生表现，特别是学生设计作品；Part3 为考试知识点地图
不同等级间的关系	采用不同的指标体系	—	—	part1&2 采用相同的一般性标准及不同的毕业水平标准；part3 采用不同的标准

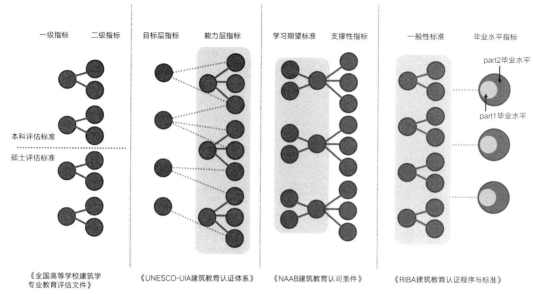

一级指标　二级指标　　目标层指标　能力层指标　　学习期望标准　支撑性指标　　　一般性标准　毕业水平指标

本科评估标准

硕士评估标准

part2毕业水平

part1毕业水平

《全国高等学校建筑学　　《UNESCO-UIA建筑教育认证体系》　《NAAB建筑教育认可条件》　《RIBA建筑教育认证程序与标准》
专业教育评估文件》

图1　4份评估文件的指标表述结构示意图

2. 具体内容的比较分析

由上节的研究可以看出，4 份评估标准中有关教育目标和人才培养标准的表述结构具有不小的差异，这种结构上的差异会对指标体系的具体内容表述产生影响，从而为标准间的横向比较带来困难。鉴于此，笔者以《UIA》中的能力层素质指标体系为基础构建了一个指标内容参考框架，将 4 份评估文件中的指标内容置于该框架中进行统一比较。选择《UIA》能力层素质指标体系作为参考框架的主要原因有二：首先是该体系结构比较清晰，明确地区分了知识、技能和设计能力 3 种不同层级的素质，且每种素质所覆盖的内容都较为全面；其次是《UIA》能力层素质指标体系较好地体现了世界建筑教育界对建筑专业人才培养的共识，经常作为各国建筑教育评估标准的对标样本。不过，《UIA》的指标体系也并非面面俱到，笔者新构建的参考框架为了确保内容覆盖的全面性，在知识、技能和设计能力 3 个素质层级的基础之上又加入了"意识与素养"和"自我概念"两个新的层级，并根据比较结果对每个层级下的条目进行了扩充和优化。笔者将 4 份评估文件中的条目与该框架中的各项素质逐一进行匹配，得到的比较结果如表 2 所示。

4 份评估标准指标体系的具体内容比较　　　　　　　　表2

| 项目 | 小项 | 评估文件 | | UIA | | NAAB | | RIBA | | |
		本科	硕士	SLA	SC	Part1&2 GC	Part1&2 GA	Part3 PC
专业知识	文化与艺术知识	美术与形式美知识	2.4		4.2.1b		A5	GC3.1		
		文化遗产知识	2.15		4.2.1c					
		其他创意性学科知识			4.2.1d			GC3.3		
	社会与用户知识	社会与地域文化知识			4.2.2a	AF	A7	GC5.3		
		用户需求知识	2.16		4.2.2b		A8	GC5.1		
		哲学、政治与伦理知识	1.2		4.2.2e			GC2.1		
	环境知识	建筑物理知识与节能知识	2.24~2.26		4.2.3a/b	BC	B6	GC9.2		
		规划与景观知识	2.17~2.18		4.2.3d		B2	GC4		
	技术知识	结构、材料与构造知识	2.21~2.23 2.27		4.2.4a	BB	B5 B7	GC8		
		建筑设备知识			4.2.4d		B9	GC9.3		
		建筑建造与施工知识	2.28		4.2.4a		B8	GC1.2		
	理论知识	建筑理论与设计方法论知识	2.7 2.14		4.2.5a/b			GC2		
		设计案例与建筑评论知识	2.14		4.2.1a 4.2.5c		A6			

项目		小项	评估文件		UIA	NAAB		RIBA		
			本科	硕士		SLA	SC	Part1&2 GC	Part1&2 GA	Part3 PC
专业知识	执业知识	职业实践知识	2.31	4.3 4.4	4.2.6a		D1	GC11	GA5	PC1.3
		建筑策划知识		5.1	4.2.2b		B1			PC2.2
		建筑经济与市场知识	2.19		4.2.6b	DA	D3 B10	GC10.1		PC2.8
		建筑项目管理知识	2.34				D2			PC4
		建筑法律与规范知识	2.32 2.20	4.2	4.2.6e		B3 D4	GC10.3		PC1.3 PC2.3 PC3
专业技能	设计工具类技能	数据搜集与资料分析技能	2.8	6.2	4.1b					
		草图技能	2.11		4.3c					
		计算机绘图与建模技能	2.13		4.3c		B4			
		参数化等新技术的知识及操作技能		5.3	4.2.4b/4.3d				GA1	
		动手制作技巧	2.11		4.3c					
	社会技能	交流技巧	2.12		4.3b	AA	A1	GA2		PC1.7 PC1.8
		外语技能	1.2	2.2						
		学术写作技能							GA4	
		协同工作技巧	2.10		4.3a	BD	A1			PC4.10 PC5.3
		领导力与团队组织技巧			4.1a		D2			PC4.9 PC4.10
		时间管理技巧								PC1.6
专业能力	设计能力	问题定义与精简能力		5.2	4.1b/4.2.2b		A2/A3 B1	GC7.2	GA1	
		方案导出能力			4.1b 4.1d	BA CB			GA6	
		多角度思考问题能力			4.1d		A2		GA2	
		方案决策与检验能力	2.9		4.1b	CB	A3/ C2		RIBA2	
		方案综合与深化能力		4.1	4.1d	CC	A2/C2/C3		GA3	
		抽象概念形象化能力			4.1c	AC	A4	GC3.3	GA2	
		创造性思维能力			4.1a			GC3.2GC3.3		
		共情[3]能力				AF	B1	GC5.1		
		空间思维能力			4.1c		A4			
		研究能力		6.1 6.2	3.16	AB	A3/C1	GC7.3	GA4	
		理性与批判性思维能力				AD	C1/C2			
专业素养		职业素养与职业道德	2.31	1.2	4.2.6c	DB				PC1.1
		用户服务意识			4.2.2a		D1			PC2.1
		环境保护与可持续发展意识	2.6	1.2		CD	C3			PC1.2
		国际视野			4.2.6c		A8			
自我概念		自我认识与未来规划						GC6	GA7	
		宏观意识与全局意识								PC1.6
		计划性与条理性					D2			PC1.6 PC5.9
		终生的好奇心				AB				

注：表格中的编号代表指标体系中对应的条目

从表 2 中可以看出，在专业知识方面，4 份评估文件的指标体系具有很高的一致性，均实现了 6 个专业知识大类的全覆盖，尽管如此 4 份评估文件的指标内容仍然呈现出了较大的差异。

我国的《评估文件》指标体系所涉及的内容集中位于专业知识和专业技能大类之中。其中本科《评估文件》对于专业知识的表述十分详尽，占据了整个标准近 70% 的篇幅，充分说明其对于专业陈述性知识（procedural knowledge）的重视程度很高；同时，本科《评估文件》中关于工具使用技能的表述也较为细致。相较本科《评估文件》，硕士《评估文件》中的标准则较为笼统，在指标的设定上似乎想与本科评估指标有所区别，以侧重强调专业能力的培养，但遗憾的是该标准并未对这些专业能力进行详尽的表述，一定程度上降低了其指导效用。

《UIA》的指标体系较好地覆盖了专业知识、专业技能和专业能力 3 个大类。相比于我国的《评估文件》，《UIA》对于专业能力层面的涉及程度明显较高，表明其不仅关注某个孤立知识或技能的习得情况，同样注重学习者个体的认知进展。此外在专业知识方面，《UIA》中涉及的知识广度是所有评估标准中最高的，且部分知识已经超出了专业知识范畴，从某种程度上展现了其对于知识学习的非功利性态度。

《NAAB》的指标体系同《评估文件》和《UIA》相比，设计工具类技能的覆盖率明显偏低。整个指标体系中几乎没有出现任何对于具体设计工具的技能要求。而与此形成对比的则是《NAAB》对专业能力，特别是设计思维能力的高度重视，SLA 指标中有超过一半的内容与设计能力直接相关。不仅如此，《NAAB》指标体系还较为详细地描述了各项专业能力在设计行为中的具体应用情境。值得注意的是，《NAAB》对于专业能力的表述反映出了一种较强烈的理性精神，十分强调设计思维过程逻辑性和批判性的一面，以及研究对于设计的重要性。除此之外，《NAAB》指标体系还要求建筑设计教育需让学生建立"终生的好奇心"，这显然已经超越了专业教育的职能范畴。

《RIBA》指标体系的特点有三：首先，Part1&2 和 part3 在设计胜任力培养上分工明确，Part1&2 着重考察学生的设计思维能力，而 part3 则着重考察毕业生的社会技能和专业素养；其次，part1&2 对于设计工具类专业技能几乎没有要求，反而要求学校培养诸如"理论写作技巧"等与专业实践关系并不紧密的技能，可见其对于学生独立人格和批判性思维的重视。再次，《RIBA》在评估标准中多次强调"不希望学校简单地依据标准体系制定课程内容，鼓励学校在教学过程中多进行实验

性、创新性的探索"，这一思想在指标体系层面体现为注重对学生自我概念的培育，特别是鼓励学生积极思考行业的未来发展趋势和自我生涯规划，并通过设计加以探索、实践。

三、中外建筑专业评估的理念差异初探

以上对《评估文件》《UIA》《NAAB》及《RIBA》4 份专业教育评估标准的横向比较结果，较清晰地展现了各评估指标体系在层级分类、表述结构、评价点覆盖等方面的特点与倾向。从这些特点与倾向中，我们不难发现我国在专业教育评估方面与美、英等国存在的理念差异，这些差异可以从评价主体和教育定位两个维度进行解读。

1. 评价主体维度——课程 VS 学习成果

在 4 份文件关于教育指标体系的表述中，中国的《评估文件》是采用以"课程内容要素"为基础的单一层级指标，这些指标通过课程地图的方式进行评价；而其他 3 份文件则都采用了基于"课程内容要素"和"学习成果水平"的双层指标体系，并以后者作为教育评估的核心依据。"课程内容要素"指标是教育评估方为学校进行课程开发所制定的输入条件，而"学习成果水平"则是学校依据输入条件开展的教学活动所需要达成的目标，是一种可以有效表征教学质量的输出结果。输出结果和输入条件不是一一对应关系，更不是必然的因果关系。学校为了保证良好的输出结果，不但需要考虑课程内容要素的覆盖情况，更要考虑采取怎样的课程设计和教学方法将课程内容要素有效地外化为学习成果，同时保证外化成果的质量。因此，我们便不难理解英、美等国为何对于设计能力的重视程度如此之高，这是因为英、美的评估指标体系明确将设计视为表征学生学习成果的主要载体，学生设计能力的高低会对其学习成果水平产生决定性影响。相比之下，基于"课程内容要素"的单层指标体系所评价的内容只限于课程内容的知识覆盖情况，着重考察知识的传达效率，体现出了较为明显的知识本位评价理念，该理念倾向于将设计与其他陈述性知识一并视为课程内容要素的组成部分。评价主体上的理念差异，比较明显地反映出了我国的建筑教育评估指标体系对专业知识和专业技能的要求较全面，而对专业能力的要求偏弱的特征。

评价主体上的理念差异在教育评估的等级划分上亦有所体现。以中英评价体系为例，中国《评估文件》中本科与硕士的指标体系不但内容迥异，对评价主体的侧重亦不同：前者强调对专业知识和专业技能的掌握，而后者更强调对专业能力的培养。从中似乎可以看出，中国的《评估文件》

倾向于将学生过硬的知识和技能储备视为其能够做出好设计的先决条件，这一理念可以形象地概括为"先学好知识，再做'好'设计"。而英国《RIBA》中 part1 和 part2 的认证指标体系几乎完全相同，均要求学生掌握一定的专业知识和专业能力，认证等级差异仅体现在对能力水平要求的不同上，其理念则可形象地概括为"先会做设计，再做'好'设计"。

2．教育定位维度——专业 VS 职业

如上节所述，不同国家的评估指标体系在"设计"与"知识"的关系问题上存在两种不同理解。笔者认为，这两种不同理解体现了对"设计能力"评估的两个向度：第一个向度为职业（occupational）向度，即将设计能力理解为一种完成特定职业任务的胜任力（competence），职业向度下建筑教育评估的目的在于考查学生是否获得诸如设计能力等一系列建筑师职业所必需的胜任力。第二个向度为专业（professional）向度，即将"设计能力"理解为一种高级的人类智能（intellectual skill）[10,11]，这种智能具有很高的专业性，需要通过长时间的刻意训练才可获得提升。专业向度下建筑教育评估的目的在于考查学生是否获得了"设计能力"这种智能，是否具备应对包括建筑设计在内的多种复杂任务的胜任力。设计的两种向度对于建筑教育而言均具有重要作用，良好的建筑专业教育需要做到两者兼顾。

但从各国的评估标准中可以辨别出不同国家建筑教育对于"专业教育"向度的理解差异。这种差异清晰地体现在各国职业建筑教育学制的设计上。虽然中、美、英三国的评估标准都声称为建筑专业教育设定了不少于 5 年的学习年限，但 5 年专业教育的内涵各不相同。中国的评估标准将 5 年全部理解为"职业教育"，其中本科教育主要负责教授学生建筑师职业实践所必备的专业知识和技能，硕士教育则主要负责培养学生的职业实践能力。美国和英国的评估标准则将 5 年理解为"全部教育年限"，将通识教育（毕业获文学或科学学位）和后专业教育（post-professional education，毕业获非认证的建筑学学位）也算在其中，专业教育的主要目的是发展学生的"设计智能"，注重培养学生利用设计发现问题、解决问题及开展研究的能力，而真正的职业教育则通过 2~3 年的本科专业学习及不少于 2 年的有针对性的学制外实习环节实现。在美国，毕业生需要经过至少 3740 个小时的科目性职业训练（AXP）才可参加建筑师考试。在英国，毕业生在参加 part3 考试前需要完成 2 年的事务所实习，并选择性参加 part3 的在职教育项目。

美国与英国的评估标准与学制设计，较清楚地体现了其对"设计胜任素质"内涵的二元化解读，学校教育和实习环节两阶段分别侧重对"设计智能"和"职业胜任力"的培养，二者职能不同，评估内容与方法也不同，彼此不可相互代替。相比之下，中国的学校教育和实习环节并没有明显的分隔，甚至可以相互替代（根据我国职业建筑师注册条例，接受专业教育时间越长的毕业生，考试前须参加的职业实践年限越短），更说明了我国建筑学专业教育具有较强的职业化特点。然而长达 7~8 年的职业教育加上 2 年的职业实践，对于注册建筑师的培养而言是否过于冗长，这仍是个值得讨论的问题。

四、结语

我国建筑教育专业评估的指标体系虽然实现了与国际的初步接轨，在专业知识层面完成了对接，但不能否认，我国的建筑教育专业评估，在理念层面仍与英、美等发达国家有一定的差异，这些差异不单是建筑学层面的，更是教育学层面的。理解不同指标体系背后的教育学理念差异，对建筑院校推行创新性教育改革、培养面向未来的专业人才大有裨益。

注释：

[1] 秦佑国．堪培拉协议与中国建筑教育评估 [J]．建筑学报，2008（10）：61-62．

[2] 中华人民共和国住房和城乡建设部．全国高等学校建筑学专业教育评估文件 [EB/OL]．http：//www.mohurd.gov.cn/wjfb/201506/W020150609102555.pdf．

[3] UIA Architectural Education Commission．UNESCO / UIA Validation System for Architectural Education[EB/OL]．

[4] National Architectural Accreditation Board．2014 Conditions for Accreditation[EB/OL]．http：//www.naab.org/wp-content/uploads/01_Final-Approved-2014-NAAB-Conditions-for-Accreditation.pdf．

[5] Royal Institute of British Architect．VALIDATION PROCEDURES AND CRITERIA[EB/OL]．https：//www.architecture.com/knowledge-and-resources/resources-landing-page/validation-procedures-and-criteria#available-resources．

[6] 其中通过本科专业评估院校 59 所，通过硕士专业评估院校 38 所。

[7] UIA Architectural Education Commission. UNESCO-UIA Charter for Architectural Education[EB/OL]. http：//www.uia-architectes.org/sites/default/files/charte-en-b.pdf.
http：//www.uia-architectes.org/sites/default/files/DOCVALID_EN_2014_0.pdf.

[8] 目前全美国有 38 个州规定，获得 NAAB 认可的建筑教育项目所颁发的专业学位 (BArch、MArch 或 DArch 学位) 是学生参加注册建筑师考试、成为注册建筑师的必备条件。

[9] 共情 (empathy)，又称"同理心"，指"人类对于他人心理状态的体验和认知"过程。共情能力可以理解为对他人或他物情绪状态的认知和体验能力。设计师需要运用共情捕捉用户的心理需求和情绪状态，并对其进行预测。

[10]（英）奈杰尔 克罗斯. 设计能力之发现 // （美）理查德·布坎南，维克多·马格林编. 周丹丹，刘存译. 发现设计：设计研究探讨 [M]. 南京：江苏美术出版社，2010：117—131.

[11]（美）加涅，R.H 等. 教学设计原理 [M]. 上海：华东师范大学出版社，1999.

图片来源：

图1：笔者自绘

作者：李明扬，清华大学建筑学院 博士研究生；庄惟敏，清华大学建筑学院 院长，清华大学设计研究院 院长

场所意向设计机制的教学研究

赵建波

Teaching Research on the Design Mechanism of Place Intention

■摘要：本文结合场所意向的设计属性与设计机制的梳理，提出在场地调研工作中纳入场所体验环节，建立以场所意向为预设方向来引导设计逻辑的教学流程，明确教学控制要点，从而实现感性体验与理性逻辑相融合的设计教学目标。

■关键词：场所　意向　场景　情境　场所体验

Abstract：In this paper, by combing design attributes and design mechanism of place intention, introducing field research work into place experience is put forward, and teaching process, in which design logic is guided by intended direction of place intention, is established, furthermore, the control points in teaching process are made clear, as a result, design teaching objective with the integration of perceptual experience and rational logic is realized.

Key words：Place；Intention；Scene；Scenario；Place Experience

　　建筑之于环境，不仅是体量布局的协调与动线功效的对接，还是心理情感的映射。目前设计教学流程中少有对场所意向设定的重视，对环境缺乏必要的体验和思考，使设计多成为问题引导下的解题过程，这样的方案虽然在评图时可以说得头头是道，却有理而无趣，也谈不上美。基于环境体验的场所意向，能够寓情感于空间，起到深化设计内涵、提升设计品质的作用，从而完善设计教学流程。

一、概念特征

　　路易斯·康（Louis I. Kahn）将设计过程总结为："依我的看法，一座伟大的建筑必须从不可度量的起点开始，在设计时必须透过可度量的方法，而最后必定成为不可度量的。[1]"场所意向作为一种"不可度量的起点"，它是建筑师在设计之初对项目与所处环境间关系的直觉印象与主观判断。这种印象与判断基于对场所环境的细致体验，以及对场所精神的领悟把握，并将其作为设计发展的预设方向来引导后续"可度量的"逻辑分析和设计操作，使模糊的主观意向转化为明确的实体空间。

场所意向具有如下设计特征：

1. 真实性与主观性的统一

真实性，作为对场所环境的准确把握，场所意向所表现出的是对项目与环境间联系的客观解读。场所环境千差万别，不同场地会对其所承载的建筑产生不同的制约，只有敏锐细致的环境体验才能对此作出准确回应，在将差异化的场所特性提取为不同场所意向的同时，保留其中的内在关联，即场所意向的真实性。可见，场所意向并非个人情感的任性表达。安藤忠雄（Tadao Ando）在应对场所时即强调："每块建筑用地都有其个性，天下没有两块土地是完全相同的。作为设计师，首先必须准确地把握既有建筑、街道的风貌等特点，在设计时加以灵活利用。[2]"

主观性，作为对场所环境的精神感悟，场所意向所呈现出的是个人与环境间情感的自我表达。彼得·卒姆托（Peter Zumthor）就从精神的高度来看待这种场所关系："建筑自然地发展成为它们所在位置的形式和历史的一部分，每一件新的建筑作品都介入到某个特定的历史情境中。介入的要点在于，新建筑应当拥有可与当前情境进行有意义对话的品质。[3]"可见，这种感悟是对场所内在精神的艺术表达，是建筑师凭借空间所释放的人与场所间的心语对白。

场所意向真实性与主观性的统一，保证了场所的"同题异解"：都是对同一场所做出的回应，但不同建筑师的设计应对却迥异，这种差异既源于对场所不同特性的各自把握，又在于建筑师个体场所体验的不同。由此，场所意向从一开始就为作品打上了建筑师的个人印记。

2. 方向性与模糊性的共生

方向性。场所意向是建筑师依据场所特性与场所体验，对项目大致发展方向做出的预判。该预判作为整个设计的目标被确立，成为设计逻辑判断与空间操作选择的裁量标尺，并预设了未来的空间氛围。其实，设计逻辑本就不精确严密，主观选择也从未缺席思考过程，设计中需要由建筑师做出选择的部分，其依据往往是与场所意向的方向一致性。

模糊性。由于场所意向只是一种总体感觉，因此这种意向不是明晰的。场所意向的模糊性给后续的设计逻辑和空间操作等空间化过程留出余地：这种模糊性是由于若干设计要素的未介入而暂存，随着设计的发展，各设计要素不断介入，使模糊的设计意向逐步转变为清晰具体的建筑空间，而其中预设的空间感受（即场所意向）得以延续下来。

由模糊的意向作为发展方向来引导设计，是设计初期的常规工作方式，卒姆托在《思考建筑》（*Thinking Architecture*）一书中谈及设计思维时就提到，"当我进行设计工作时，我记起一些影像和心境，它们可以跟我所期望的那类建筑联系起来，我就由这些影像和心境来引导我自己[3]"，"当我们开始设计，并试图形成想要的实物之影像时，影像中的那些视觉因素常常并非已然存在。在设计之初，影像通常是不完整的。因此我们会不断尝试重新整理，使我们的主题清晰，并把遗漏的部分加到构想的影像中[3]"。这里的"影像"与"心境"，其所指与意向一致。

二、设计机制

与作为物质形态与文化载体的场地不同，场所是包含个人情感与感悟的精神存在，简单来说，"场所＝场地＋情感"。场地调研的工作重点是了解并梳理场地的性状与关系，找出场地存在的核心问题及解决机制，为后续确立设计逻辑奠定基础。而场所体验则是以身体之、以心验之，强调对环境内涵感受与场所精神的领悟，提出预期空间的主观想象，使成为设计发展的预设目标。

在场所体验的基础上，场所意向经情境解读与空间转译两阶段完成：

1. 场所的情境解读

在场所体验中明确对场所环境中景象的感知、秩序的感触、品质的感动与精神的感悟，由此实现"情境解读"，简言之，就是触景生情："景"即场所环境；"情"是场所环境激发出的内心感受。为便于后续操作，这种心境根据场所体验的不同而有所区分：其一，对具象场景的审美感知，如碧水蓝天、层林尽染、雨雾空濛、光影斑斓等视觉形象的感受；其二，对抽象场感的精神领悟，如风的轻盈、声的悠扬、花的幽香、空的寂寥等非视觉感受的体会。

从艺术内涵来说，对具象场景的审美感知一样会上升为抽象场感的精神感悟——不仅会倾心于景致之美，更会被这种美所寓含的精神力量所折服，感悟人与环境和谐统一的大美。2006年，安藤忠雄受托神奈川太岳院重建项目去调研，倾心于富士山的大美，初到太岳院即强调正对富士山的"山门一定要保留"；在设想重建的大殿时冲口而出："一定要有个巨大屋顶，必须要展现包容的气度！"这不仅是安藤面对场所环境的直接印象，更来自于其对富士山、寺庙与周围信众生活的理解。后来安藤的设计意向就是从正殿远眺富士山，山门也出现在图中（图1）。他向寺众解释道："寺庙本来就该是这个样子，孩子们会

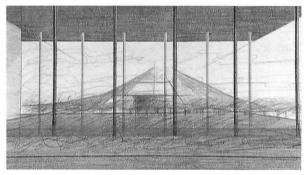

图1 安藤忠雄的太岳院大殿重建设计意向图

在这个可以看到富士山的地方成长，我要他们因为能在这里成长而庆幸，我要建造的是心灵的象征和支柱。[4]"安藤尝试借此情境创造一座融环境之美、场所之悟的寺庙，其中有生活、有生命。

情境解读的确立在于内心感受的准确呈现。对于具象场景来说，常以内心图景的方式呈现，卒姆托就有类似描述："随着一副内心图景的突然浮现，图画中一道内心图景的突然浮现，图画中一道新线条的闪现，在片刻之间，整个设计为之一变，焕然一新。……我体验着欢乐和激情，在我内心深处似乎有声音在宣称：我要建这个房子！[3]"而抽象场感的呈现方式则非常多样，不拘一格。卒姆托在哈佛任教期间就布置学生为一位亲近的人设计一所"没有形式的住宅"，为了强调住宅是情感的容器，他甚至规定学生提交的成果不能有平面图、剖面图或者模型，而是让学生尝试用声音、味道或者口述去表达这个能引起共鸣的动人空间。

2. 意向的空间转译

依据场所情境的不同解读方式，场所意向的空间转译分为具象场景的直译与抽象场感的转译两种途径，两者都是通过初步的设计操作将场所情境转化为模糊的空间意向。

其一，场景直译。多用"借景抒情"的方式将具象场景画面（内心图景）引入建筑空间，直接转化为空间意向。该操作常用意向草图来阐释其对场景内心图景的空间表达。意向草图是建筑师在捕捉场所意向时最常用的手段，多以特定的透视来呈现动人的场景画面，用类似速写的简练线条来捕捉建筑与环境对话的精彩瞬间，直接有效。

以路易斯·康为索克生物研究中心（Salk Institute for Biological Studies）所做的意向草图为例（图2），寥寥数笔就勾画出了整个场所的设计意向：对称的空间、明确的中轴线强调空间秩序，一条简单水道引导视线望向远方，这是一个"适合沉思的地方，最后到达一条简单水道流过的中庭，这个静止的场所是一面向天空的立面，一座没有屋顶的教堂。[1]"

安藤忠雄的水之教堂（Church on the Water）的意向草图（图3）为强烈的一点透视，巨大的景框将水面场景收纳面前，目光所聚是一个伫立在水中的白色十字架，这一场景画面作为空间序列经营的高潮，也是安藤在空间经营中"埋伏在建筑中的精彩"特质所在。信徒们面对这自然美景向上苍祈祷——以水景的平静来焕发内心的平静，达到与自然共鸣的心境。

图2 索克生物研究中心及意向草图

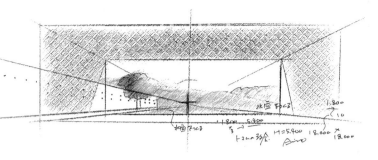

图 3　水之教堂及意向草图

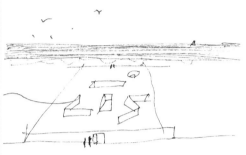

图 4　无限住宅及意向草图

阿尔贝托·坎波·巴埃萨（Alberto Campo Baeza）的无限住宅（House of Infinite，图 4）面对大海，体会无垠视野、创造无边心境就成为其意向草图所表达的场景精神。基于此，住宅如同一个石质瞭望台，顶部平台充满宁静神秘的力量，静静观望着往来进出的船只，及至遥远的海平线，这是能够让时间停驻、能够让情感停留的场所。

其二，场感转译。许多不易直接空间化的抽象场感，往往借助中间操作过程的视觉呈现来实现最初的场感转译。这是一种"托物言志"的处理方式，多借助材料研究来实现。

卒姆托就常用材料实验的方式探讨场感转译，以精彩的空间氛围呈现预期的场所意向，就像他强调的那样："作为建筑师，作为营造大匠，必须要在材料的外观和重量方面有非凡的感觉，而这恰好是我正在设法讨论的东西。[5]"在瓦尔斯浴场（Therme Vals）设计中，卒姆托考察了不同规模、不同坡度和不同矿床上的石矿，温泉从矿床地层中奔涌而出的画面让他着迷，并最终成为场所意向。为了阐释这一意向，卒姆托制作了一个用当地石头做的注了水、打了灯光的概念模型，展示的模型获得居民的一致赞许。而在克劳斯兄弟田野教堂（Bruder Klaus Field Chapel）的设计中，场感转化为空间一样是借助对材料与肌理的建构来实现的，火焚的痕迹恰如其分地表达了教堂所寓含的浴火重生的感受，卒姆托通过多次试验来寻找这种空间意向的转译方式（图 5）。

图 5　克劳斯兄弟田野教堂的
建构试验模型

三、教学控制

基于场所意向的特征与设计机制，教学中在现有场地调研中细分出场所体验阶段，提出教学控制要求，补全设计教学流程。

1.场地调研的教学控制

将现行场地调研细化为场地调查、场地研究、场所体验三个教学环节，理清各环节的设计训练内容，要求理清相互关系，践行"设计从场地开始"的基本教学观念。

其一，场地调查。场地调查在于全面认识场地环境的内在特质与外在联系（包括空间维度与时间维度），是后续设计发展的基础，绝非在场地"站一站、看一看"所能承担。因此，在教学中对场地调查要求进行细化(表1)，调查内容会根据具体设计项目的差异而有增减与侧重。

场地调查的教学要求　　　　　　　　　　　　　　　　　　表 1

调查项目		调查内容	成果形式
城市背景	自然地理条件	地理条件、气候特征等	资料收集
	历史文化演变	历史演变、文化传承等	资料收集、地图
	社会经济背景	城市定位、经济发展等	资料收集
	城市未来发展	城市发展规划、区域价值评估等	资料收集
周边影响	周边自然因素	目力所及的自然物	图片记录
	周边经济业态	业态现状、经营状况、产权归属等	资料收集、数据分析
	道路交通分析	交通现状及发展趋势等	图片记录、数据分析
	人群行为调查	年龄结构、行为习惯、就业收入、居民意愿等	问卷调查、数据分析
	周边建筑状态	街区肌理、文脉、建筑特征等	图片记录
场地特质	场地整体认知	场地与周边区域的整体关系	图片记录、场地模型
	人群习惯活动	人群在场地上的习惯性活动	图片记录、问卷调查
	场地既有要素	如树木、植被、水体、既有建筑及构筑物等	图片记录
	平面与剖面图	几何尺寸、高程变化、与道路的关系等	CAD 文件

其二，场地研究。场地研究，就是在场地调查各层面及要素的基础上，根据项目特质找出其中关键——能够触动设计发展的要素，深入剖析其内在作用机制，提出方案的设计逻辑，场地调查的其他内容则作为设计基本信息在后续的空间设计中发挥作用。教学中，场地研究往往被忽略，导致场地调查未对设计产生促动作用而成为"套路"，设计逻辑未能扎根问题与机制的研究而自说自话。教学中需要明确场地研究的设计机制来克服这一弊病。

其三，场所体验。为保证场所意向确是建立在对环境的体察感悟之上，且言之有物，将场所体验设定为独立的教学阶段，以训练学生对场地环境的敏锐观察和丰富想象。教学中，最好是在现场与学生一起体验与想象——引导学生对场地环境中的既有地物与人群活动的关注，并加入自己的情感与想象。这是帮助学生建立场所体验的有效方式。

在场地调查基础上的场地研究，在于通过调查研究找出场地所蕴含的核心问题及其内在机制，指向设计逻辑及其所衍生的空间操作；在场地调查基础上的场所体验，在于通过体验想象把握场所的内在精神，指向场所意向及其所确定的空间意向。场所体验与场地研究，是在场地调查的基础上产生的两个发展端口，由此分别进入感性的空间意向与理性的设计逻辑。在后续的设计过程中，这两条线索互为影响而逐渐融合为明晰的建筑空间。

2.场所意向的教学控制

依据场所意向的设计机制，教学中分"情境解读"与"空间转化"两个阶段确立设计的空间意向，并明确各自教学控制要求。

情境解读阶段，是让学生重拾发现美的眼睛、感受美的心灵，重在培养学生的审美能力与想象力，这对于设计学习来说至关重要。在场所体验的基础上，要耐心听取学生对场地的所感所想，把握学生描述环境的言语与情绪，帮助找出其中最为动人的景观与感受，这是设计中最精彩的部分，往往成为设计中最重要的突破。需要强调，情境解读是对"内心图景"的解读，需要引导学生加入自己的情感体会和主观想象，避免一味地顺应现状，这样只会使原本死寂的场所平添一具"僵尸"，对一些了无生气的环境来说，正是这份想象带来生机、激活场所。

空间转化阶段，是将情境解读的语言类描述用模糊的空间想象初步呈现出来。这种空间呈现需要滤除次要因素，仅就核心要素进行最直接的表达，这一去粗取精的过程本就是凝练场所意向的过程。由于情境解读多是以语言来呈现的，而语言的描摹能力非常强大，许多"高大上"的想法说起来很感人动听，但也常会陷入无法转化为空间的困境。较有实效的办法是尝试以绘画、模型、艺术装置等具有空间表达功能的艺术手段来呈现，实现场景与场感的空间转化。教学中，无论是具体场景还是抽象场感，一般设定意向草图或概念模型作为阶段成果。

3. 设计教学流程的梳理

将前述场所意向的设计机制、教学控制要点纳入现行设计教学框架，使形成由感性的空间意向与理性的设计逻辑两条线索相互作用、共同推进的设计教学流程（图6）。

该设计教学流程将场所意向及其衍生的空间意向作为设计发展方向，该方向是个人的、主观的，反映了设计人对场所精神的把握，这是一条感性的设计线索。而在场地调研的基础上所建立的设计逻辑及其衍生的空间操作，是理性的、客观的，确立了设计推进的逻辑框架，空间操作以空间意向作为设计推进目标（甚或是判断依据）。基于空间意向的需要，设计逻辑中一般会有专项的空间研究——从光影色彩、尺度界面、材料建构等方面进行实验与研究，以理性的方法控制并营造出预设的空间氛围。两条设计线索由于都产生于同一场地，共同的设计背景使两者同向推进，不会出现设计发展过程中的背离现象。两者互为影响、共同作用于建筑空间的经营，成为具有相互制约关系的一个整体。

四、作业解析

以下将结合教学中的优秀设计作业，说明在设计对策阶段场所意向对设计发展的指向作用，以及在空间操作阶段空间意向与设计逻辑的相互影响。

1. Mirror of the Heaven——茶卡盐湖游客体验中心

完成学生：邓婧蓉、杨璐；

指导教师：赵建波、邹颖；

完成时间：2012年9月。

本案是基于场所意向训练的虚拟题目，拟选址青海茶卡盐湖，项目设定为在湖区内建造茶卡盐湖游客体验中心，给慕名而来的游客提供休闲赏景的场所。茶卡盐湖湖面广阔，总面积105km²，是天然结晶固液并存的卤水湖，雪白的盐晶体形成二次反射，加强了水面的倒影效果，造成了水天一色的绝妙美景。水深处约1.5m，浅处仅没脚面，漫步湖上，犹如行走在空中，被誉为中国的"天空之镜"。

面对这湖光云影、天水相接的景致，让人震撼于自然的宏大、纯净、静谧，由此提出场所意向：希冀创造出一片宁静的"景致"，让人们在这里欣赏自然、呵护自然、与自然和谐相处。

"大音希声，大象无形。"声之至美、形之至善，给人以希声、无形的感觉，由此达到与自然融为一体、浑然天成的境界。为了不打扰茶卡盐湖这至美景致，强化宏大、纯净与静谧的感受，故场景直译采用"天空之镜"的空间处理方式——在湖面留一片凝固的"圆镜"，将天光湖影倒映其上。站在镜面之上，犹如立于湖面中央、天地之间，日览四季变化，夜观斗转星移，体悟时空季节的演变，感受人与自然的融合（图7）。

该方案在"天空之镜"的场所意向的引导下，执行"环境消隐"的设计策略，将主要体量下沉于湖面之下，与周边环境的接触唯有屋顶一面——不是以对立、突出自我的态度面对周围的环境，而是选择用镜面成像的方式与湖面成为一体，最大程度地维护原有环境的完整与优美。方案在流线组织上考虑了参观流线与盐湖断面之间的关系，并专门讨论了镜面随潮汐变化而升降的可能性。

该方案获国际建筑师协会（UIA）作为国际主办与支持、天津大学建筑学院与UED杂志社主办的"霍普杯2012国际大学生建筑设计竞赛"二等奖。

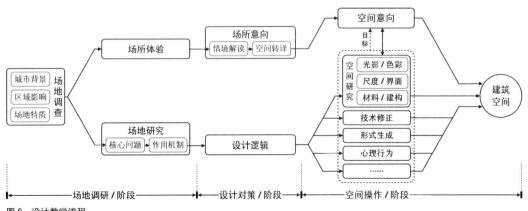

图6 设计教学流程

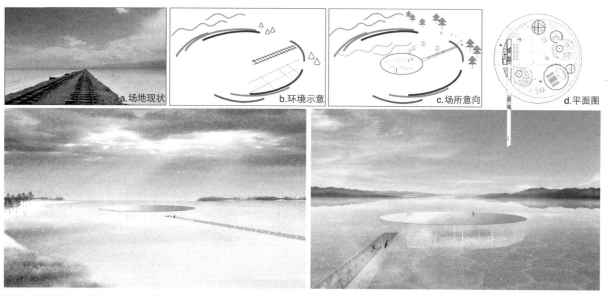

图7 方案 "Mirror of the Heaven" 图版

2. 美丽校园——设计创意产业园概念设计

完成学生：刘珊汕；

指导教师：赵建波、贡小雷；

完成时间：2016 年 6 月。

本案是探讨某大学老校区原水利馆区域未来发展的虚拟题目。基于原水利馆的校园区位、周边功能、资源基础及未来发展等方面的调研，依托临近建筑学院既有的学科优势和发展潜力，提出融合设计教学、实践、科研、交流、众创等要素的设计创意产业园的功能定位。

原水利馆既留区域多为 1~2 层的实验室建筑，并有水工实验造浪池，近年来 "见缝插针" 不断加建，形成鳞次栉比的现状格局，空间变化非常丰富。院内树木壮硕、绿植茂盛，整体环境优美。每天都穿行水利馆的学生对基地非常熟悉，在扩大调研体验范围的基础上提出了非常有想象力的场所意向：将水利馆东围墙拆除，使围墙外宽阔的湖面与场地已有的建筑空间和树木绿植共同构成一个具有 "园林化空间体验" 的新场所，统领 "保留空间记忆，提升环境品质，营造美丽校园" 的设计概念（图8）。

在 "园林化空间体验" 场所意向的引导下，本案以古典园林作为分析样本，结合场地现状从空间节奏组织、路径密度控制、景观节点选择等方面进行了专项空间研究，探讨了园林空间的内在规律，并将其应用于园林化的空间生成。

（1）空间节奏组织：园林空间节奏在于空间段内视线收放的有序安排。本案将狮子林、艺圃、留园 3 个样本各空间段按路径线性展开，显示出园林空间序列基本上由视线收束段和视线开放段间隔排列组成，在收束空间段往往会加入天井来活化空间、避免沉闷，开放空间里也会插入别院使视觉范围内的景观不至于单一。结合样本统计，收束空间内院落间距多为 2~8m，开放空间中别院插入间隔长度多为 16~24m 之间（图9）。方案在空间节奏的尺度设定上依此取值。

图8 项目现状及方案总体鸟瞰

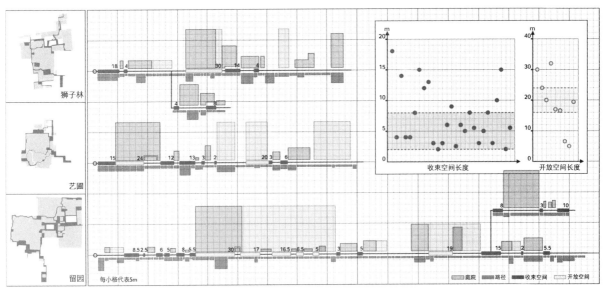

图9　空间节奏组织的尺度控制

　　(2) 路径密度控制：园林路径曲折、因路成景，给人丰富的视觉感受。本案将留园、网师园、怡园、畅园、沧浪亭、退思园、艺圃等7个园林样本分解为13个区域，求解路径密度——路径长度与区域面积的比值，园林中不同类型区域的路径密度在0.15~0.25之间（图10）。设计中将路径密度的数值分为高、中、低三类，依据空间设定合理取值。

　　(3) 景观节点选择：本案选取园林样本统计各静态景观点在路径上的分布规律，呈现出各景观点设置间隔均小于30m，符合传统"百尺为形"的视觉感知距离控制。设计持续拍摄记录了不同季节、天气、时间、位置的照片，通过景观照片比选确定场地内景观点，并结合各景观点的分布间距做出选择，以控制景观节奏。

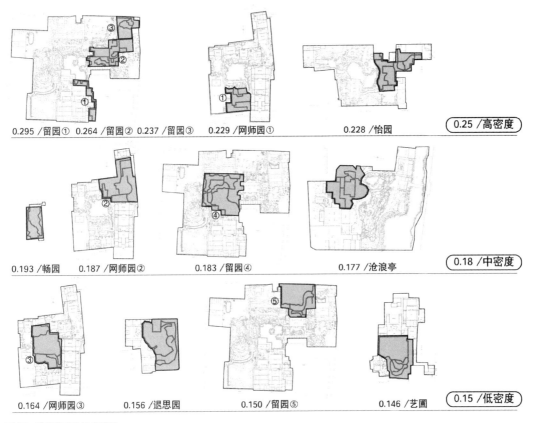

0.295 /留园①　0.264 /留园②　0.237 /留园③　　0.229 /网师园①　　　　0.228 /怡园　　　　0.25 /高密度

0.193 /畅园　　0.187 /网师园②　　　0.183 /留园④　　　　0.177 /沧浪亭　　　　0.18 /中密度

0.164 /网师园③　　0.156 /退思园　　　0.150 /留园⑤　　　0.146 /艺圃　　　　0.15 /低密度

图10　路径密度的尺度控制

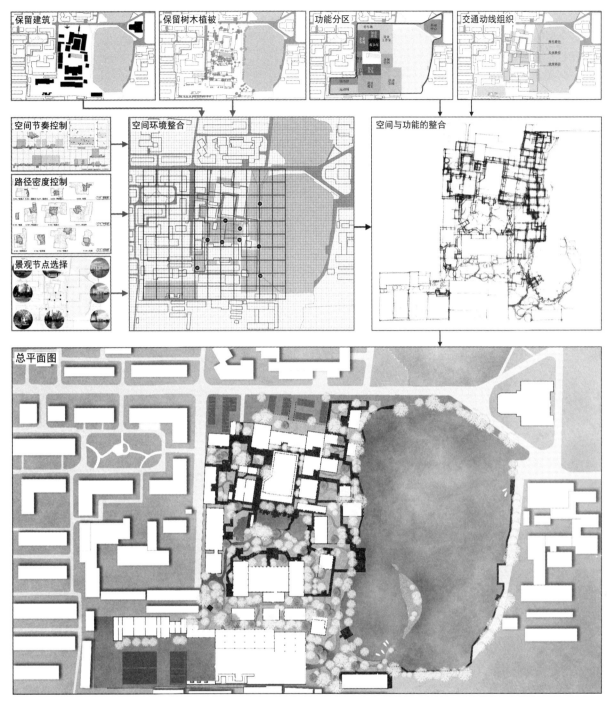

图 11　空间意向的设计整合与实现

在保留既有建筑、树木植被的场地平面中均布方格网，将以上空间节奏、路径密度、景观节点的空间研究结果纳入方格网，对空间开合、路径疏密以及景观节点做出调整，实现最初的"园林化空间体验"的空间意向；继而整合功能布局、交通动线组织等，经草图推敲生成总平面（图 11）。

本案旨在说明设计逻辑所衍生的空间生成与场所意向所建立发展目标之间的应对关系，这是在场所意向引导下完成空间设计的较为复杂的教学案例。

结语

设计训练不仅要培养学生具有逻辑思维的理性头脑，还要培养学生具有感性体悟的心灵，没有一颗能够感悟美好的心，不可能设计出动人的空间，就像卒姆托所言，"好的设计的感染力在于我们本身以及对情感世界和理性世界的认知能力，好的建筑设计给人以美感[3]"。从设计机制来说，场所意向对设计做出价值判断，强调的是"美不美"，追求空间情境动人；设计逻辑对设计做出操作指导，强调的是"好不好"，琢磨空间合理好用。两者分别从感性层面和理性层面共同推动设计的发展，缺一不可。感性因素对设计品质的作用应该被重视，这对学生观察能力和审美能力的培养非常重要。敏锐的观察能力和审美素养的培养，离不开真实环境的体验和对生活的感悟，关注环境、关注生活是每一个学生的必备职业素养。

（基金项目：国家自然科学基金资助项目，项目编号：51478296）

注释：

[1] 约翰·罗贝尔. 静谧与光明：路易·康的建筑精神 [M]. 成寒译. 北京：清华大学出版社，2010：54，103.
[2] 安藤忠雄. 追寻光与影的原点 [M]. 安宁译. 北京：新星出版社，2014：219.
[3] 彼得·卒姆托. 思考建筑 [M]. 张宇译. 北京：中国建筑工业出版社，2010：17，21，26，65，67.
[4] 参见：台湾地区公共电视台 2006 年 6 月 26 日《安藤忠雄的建筑诗》节目。
[5] 彼得·卒姆托. 建筑氛围 [M]. 张宇译. 北京：中国建筑工业出版社，2010：27.

图片来源：

图 1：台湾地区公共电视台 2006 年 6 月 26 日《安藤忠雄的建筑诗》节目的视频截图。
图 2 左：Salk Institute for Biological Studies. Arquitectura Viva－Louis I. Kahn[J]. 2001，(2)：47；右：2015 年摄于台北市立美术馆《建筑之境：路易斯·康建筑展》。
图 3：安东尼奥·埃斯珀斯托. 安藤忠雄 [M]. 大连：大连理工大学出版社，2008：45，42.
图 4：http：//www.archdaily.com/.
图 5：Thomas Durisch. Peter Zumthor 1985－2013 Vol3[M]. Verlag Scheidegger & Spiess AG，Zurich，2014：113，117.

作者：赵建波，天津大学建筑学院教授

结合调研分析与策划定位的乡村聚落改造毕业设计教学研究

李涛　李立敏

Teaching Research on Graduation Design
of Rural Settlements Reconstruction Based
on Investigation, Analysis and Programming

■摘要：本文以"韩城柳村古寨及传统民居保护与活化毕业设计"为例，探讨在乡村聚落改造设计中如何将调研分析、策划定位与规划建筑设计有机结合，并从此类毕业设计的选题、题目设计和教学过程三方面进行了思考和总结，指出此类设计具有社会现实性、全过程性和实验性的三大特征，供同类设计教学参考。

■关键词：调研分析　策划定位　乡村聚落改造设计　毕业设计教学

Abstract：This paper discusses how to combine the investigation, programming, planning and architectural design in the rural settlement reconstruction with the example of the "Hancheng Liu ancient village and traditional houses protection and revitalization graduation design". To carry on the reflection and the summary of such graduation design from the three aspects of the theme selection, topic design and teaching process, it pointed out this kind of design has the social reality, the whole process and the experiment three main characteristics, for the similar design teaching reference.

Key words：Investigation and Analysis；Programming and Positioning；Rural Settlement Reconstruction Design；Graduation Design Teaching

毕业设计作为建筑学本科教育的最后环节，是对大学五年所学知识的系统性总结，也为学生适应实际工作和未来专业发展建立良好的基础。毕业设计与之前的建筑课程设计相比，更加注重学科前沿、关注社会问题，也更强调学生独立思考、分析和解决问题的能力。近年来随着乡村建设的繁荣，乡村聚落的更新改造逐渐成为当前的热点话题，然而面对乡村建设，我们的教育体系却缺乏基本的理论储备。本文以"韩城柳村古寨及传统民居保护与活化毕业设计"为例，探讨如何将调研分析和策划定位与乡村聚落改造设计结合起来，并从毕业设计的选题、题目设计和教学过程三个方面进行了总结和思考，指出此类毕业设计的特征，供同类型设计教学参考。

1.选题思考

乡村聚落作为当下为数不多的能代表我国传统建筑文化的历史资源，具有极重要的保护价值和研究价值。然而乡村聚落也被看作是落后的代名词，与现代化的生活相去甚远。在当前高速城镇化发展的背景之下，乡村聚落表现出"空废化"的现实危机，通过合理的设计手段延续乡村聚落的历史文化内涵，同时满足人们生活质量不断发展的需要，对实现乡村社会的可持续发展具有重要意义。

关中地区自古以来堡寨聚落众多，以韩城地区尤为集中，柳村古寨便是这其中典型的一处。柳村古寨邻近被称作"传统村落活化石"的党家村，具有典型关中传统堡寨聚落的防御性特征：整个寨子位于天然的黄土沟壑当中，四面环沟，仅有一处道路通向寨内，寨子内部道路结构清晰，在重要的空间节点上分布着照壁、涝池、庙宇、祠堂等标志性要素。古寨始建于明嘉靖年间，民居建筑为典型的关中传统民居平面布局，空间结构秩序井然，建筑装饰精美，具有很高的艺术价值。古寨原有住户71户，近年来随着人口的迁移和流失，现仅有6户居住，且主要为老人。柳村古寨的"空废化"严重，大多数民居大门紧闭，年久失修，一些院子仅剩下残垣断壁（图1）。

我们在感叹着古寨精巧的防御性空间结构和精美的民居的同时，却又不得不对当前破败和荒废的景象感到惋惜，对古寨未来的发展前景感到

担忧。现如今快速的城市化和现代化使得传统民居已经难以满足现代生活的需要，传统乡村聚落发展模式的衰败或许成为必然。然而从另一个角度来看，空废的乡村聚落是否也正好为我们提供了一个新的契机？可否将城市中人的需求与乡村的历史环境相结合，为乡村聚落注入新的生命力？新的产业形式的置入也许能够将城市人群的休闲生活与乡村的自然和历史环境结合起来，为城市居民提供差异化的体验，同时又能带动乡村经济的发展。因此，从某种程度上来说，乡村和城市并非二元对立的，而应该成为一个协调、有机的统一体。

基于以上思考，我们提出了"韩城柳村古寨及传统民居保护与活化"的毕业设计题目，旨在让学生们透过乡村聚落自然衰败这一社会现象，深入思考乡村聚落未来的发展方向和模式，通过独立的调查分析、策划定位提出解题策略，并给出具体的空间设计答案，在设计中需要面对"保护与发展""传统与当代"这两对矛盾，将社会、经济和空间作为一个整体来考虑问题，将建筑学作为参与社会问题的方法和工具，培养学生的社会责任意识，以及独立思考、综合分析解决问题的能力，是对毕业设计这一课题的主动回应。

2.题目设计

2.1 调研分析

常规的城市地段中的设计题目在设计开展之前有着明确的设计范围和项目基础性资料，乡村聚落改造由于地处信息不发达的乡村，设计的范

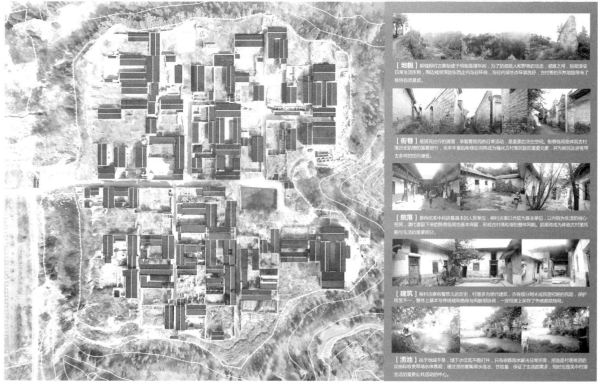

图1 柳村古寨航拍图与现状照片

围和基础性资料是缺失的。此外，由于大多数学生对乡村的陌生，使得在开展设计之前对乡村环境的调查和分析这一基础性研究工作变得十分重要。

通过文献资料的调查和现场踏勘、测绘，收集设计的原始基础资料，使学生对设计对象形成基本的认知，并从中发现问题。本设计中的调研主要包括：韩城地区和传统村寨历史文化资料的收集，柳村古寨和周边传统村寨环境的现场踏勘，以及柳村古寨空间结构和典型合院民居的测绘和记录等。

在前期调研资料的基础上，进一步对设计对象进行深入解析，对周边环境资源、交通、地形地貌、古寨的空间格局等进行分析，然后对古寨的院落进行评估和分级，建立院落的空间信息档案，并总结民居建筑的典型特征，从而为设计的开展奠定良好的研究基础。

2.2 策划定位

不同于常规设计题目给定具体的设计主题，乡村聚落改造需要通过自行的研究确定设计主题。乡村聚落改造成功与否的决定性因素不仅取决于空间、功能等设计层面的内容，更取决于项目前期的策划定位，策划定位往往决定了项目是否具有可实施性和运作的可持续性。因此策划定位也是进行具体的改造设计之前必要的研究内容。

策划定位首先建立在对项目自身优势、劣势的清晰认识上，通过项目自身特点的分析，结合相关案例的成功经验，给出项目未来的发展方向的主题和定位。设计要求学生在前期调研分析的基础上明确古寨的特征和优势，进行大量相关案例的调研，然后进行独立的判断，给出古寨未来的发展方向和产业模式，作为设计展开的基础。

2.3 改造设计

乡村聚落的改造设计建立在前期研究和策划定位的基础上，通过具体的空间反映设计主题。改造设计分为规划设计和单体设计两个层次。

对于柳村古寨来说，规划设计层次就是在古寨现状的基础上发现和梳理古寨的空间特征，并且置入新的产业模式，新产业的置入不应以破坏历史文脉为前提，通过合理的空间织补延续传统村寨的历史文脉，并使其恢复活力。不同于传统的自上而下的规划设计，乡村聚落改造的规划设计表现出自下而上的特征。

单体设计层次是通过典型民居院落的改造实现规划设计，其意义并不仅仅在于完成一个具体的建筑改造设计方案，而是通过典型建筑的改造，探讨不同类型的传统民居在保护和更新中的原则和模式，以及使用不同产业模式下的空间需求。因此在单体设计中结合了民居改造的案例分析以及乡土建筑遗产保护的相关理论进行设计指导。

三个阶段构成了一个完整的研究路径，研究框架如图2所示。

3.教学过程

在前期的调查分析中，学生们首先对关中地区传统村寨和民居的相关文献资料进行调查和解读，对设计对象有一定了解，带着问题进行了现场调研。在现场调研过程中，教师带领学生对柳村古寨及其周边的环境进行踏勘和考察，了解了古寨所处的环境全貌。在接下来的一周时间，学生驻扎古寨，对古寨的空间格局和典型民居进行了详细的调查和测绘，为设计积累第一手的资料，学生还通过访谈了解了古村居民的生活状况和古村历史。

调研之后，学生对周边环境、交通、地形地貌等前期调研收集的资料进行整理和分析，然后根据历史意义、建筑风貌、建筑质量、是否有人居住四类要素对整个古寨的院落进行综合评估，分别建立空间信息档案和建筑综合评估表（图3），最终将整个古寨的民居院落分为保留为主、改造为主和拆除三种类型（图4）。

在策划定位中，学生在前期调查分析的基础上对村落改造的相关案例进行了大量调查研究，比如以艺术介入乡村的"许村计划"，以及尝试保存乡土传统和地方文化的

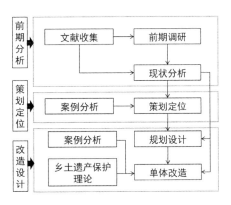

图2 研究框架

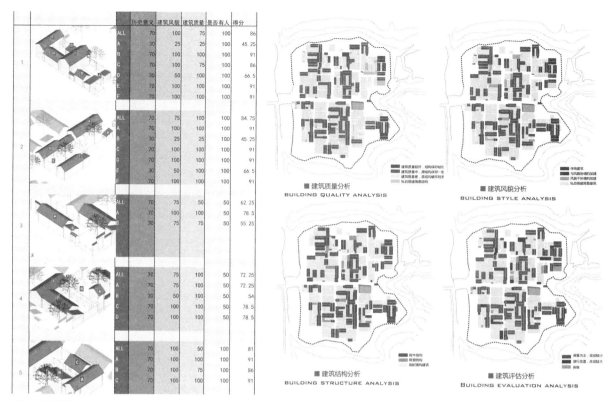

		历史意义	建筑风貌	建筑质量	是否有人	得分
1	ALL	70	100	75	100	86
	A	30	25	25	100	45.25
	B	70	100	100	75	91
	C	70	100	75	100	86
	D	30	50	100	100	66.5
	E	70	100	100	100	91
	F	70	100	100	100	91
2	ALL	70	75	100	100	84.75
	A	70	100	100	100	91
	B	30	25	25	100	45.25
	C	70	100	100	100	91
	D	70	100	100	100	91
	E	30	50	100	100	66.5
	F	70	100	100	100	91
3	ALL	70	75	50	50	62.25
	A	70	100	100	50	78.5
	B	30	75	75	50	55.25
4	ALL	70	75	100	50	72.25
	A	70	75	100	50	72.25
	B	30	50	100		54
	C	70	100	100		78.5
	D	70	100	100		78.5
5	ALL	70	100	100	50	81
	A	70	100	75	100	86
	B	70	100	100	100	91
	C	70	100	100	100	91

图 3　建筑评估表

■ 建筑质量分析　BUILDING QUALITY ANALYSIS

■ 建筑风貌分析　BUILDING STYLE ANALYSIS

■ 建筑结构分析　BUILDING STRUCTURE ANALYSIS

■ 建筑评估分析　BUILDING EVALUATION ANALYSIS

图 4　古寨建筑评估汇总

"碧山共同体"等,从中借鉴经验,然后自主选择主题进行策划定位,对未来可能涉及的产业模式以及相关案例进一步分析研究,思考产业置入古寨的合理性,并给出具体的主题定位和策划方案。

以韦拉同学的策划定位为例,在分析柳村古寨区位优势、交通优势和艺术资源的基础上,提出结合古寨的外部空间和院落空间共同营造艺术家社区及艺术旅游主题聚落,希望为艺术家提供传统环境下的创作和交往空间,为艺术爱好者和文化旅游者提供富有文化内涵和深度参与的旅游活动空间,并与党家村形成传统文化和现代艺术上的资源互补。另外,结合黄土沟壑的地形地貌提出营造天然的黄土剧场,最终将党家村、天然黄土剧场、柳村古寨结合起来共同形成一个艺术文化旅游和艺术家聚集的文化场所(图5)。

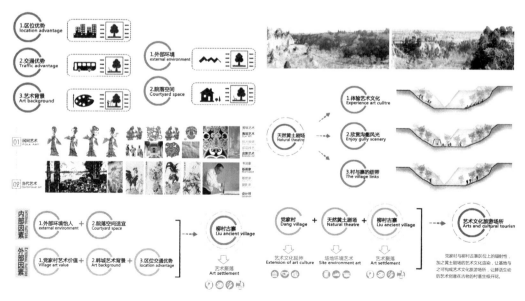

图 5　策划定位分析

在规划设计中，学生一方面根据自身的项目定位进行产业布局与空间匹配，另一方面结合古寨历史文化特征进行空间的梳理，从总体布局、分区规划、公共空间节点营造三个层面展开设计。

以韦拉同学的规划设计为例，首先进行总平面规划设计，尽量保留乡村聚落的空间结构和空间肌理，通过空间织补延续乡村聚落的空间尺度和空间特征；其次根据产业的内容和特征进行分区设计，区分公共区域和私密区域，形成了"人文公共艺术区"和"艺术家社区"两类分区（图6）；最后对涝池、入口、街巷、庙宇等村寨的公共空间节点进行重点设计，营造宜人和具有主题的交往场所（图7），最终形成一个具有传统乡村聚落空间特征和新的产业模式的艺术家聚落（图8）。

在单体民居的改造中，选取保护为主和改造为主两类典型民居分别进行设计。首先，对院落现状进行评估和分析，明确保留、拆除和修复的具体内容，对院落的破损处进行更新，用关中的肌理进行空间织补，延续传统关中民居的空间特征（图9）；其次，从使用人群的特征出发确定空间的性质，结合产业内容进行功能和空间的组织，为传统民居赋予新的活力（图10~图12）；再次，在新加建的部分中合理地使用新的结构体系和材料，通过材料的对比和衔接，利用新的结构和材料并融入传统的空间环境当中，形成新旧之间的对话和共生（图13）。

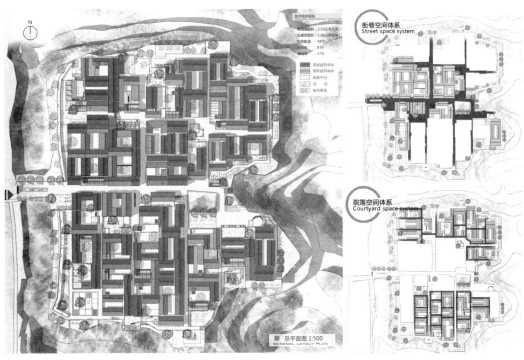

图6　总平面规划与分区设计

图7　公共空间节点营造

图 8　古寨改造整体鸟瞰

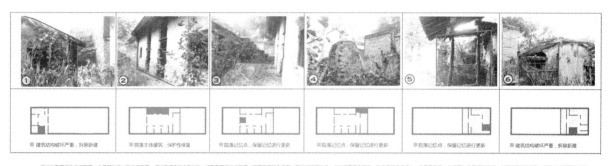

| ① | ② | ③ | ④ | ⑤ | ⑥ |

■建筑结构破坏严重，拆除新建　　■院落主体建筑，保护性修复　　■院落记忆点，保留记忆进行更新　　■院落记忆点，保留记忆进行更新　　■院落记忆点，保留记忆进行更新　　■建筑结构破坏严重，拆除新建

　　设计对象现状为三进院落，也是基地唯一的三进院落，通过前期定性定量分析，该院落属于二类院落（院落格局较为完整，整体风貌较为协调，主体建筑基本保存，有传统装饰构建），改院落仅存一处建筑，建筑保存一较好，院落格局较为完整，但除主体建筑及外墙以外，建筑风貌及建筑质量评定均为拆除对象，基地东侧紧邻名人画院，是等级较高保留较完整的二进院落，地址基地核心位置，具有较高的等级，故更新过程之中对院落严格进行关-中机理的织补，使院落与村落渐渐融合。

图 9　院落现状评估分析

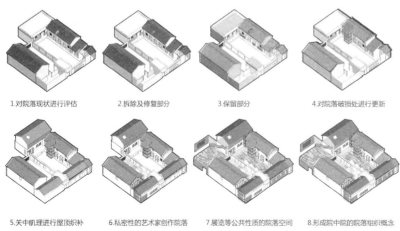

1.对院落现状进行评估　　2.拆除及修复部分　　3.保留部分　　4.对院落破损处进行更新

5.关中肌理进行屋顶织补　　6.私密性的艺术家创作院落　　7.展览等公共性质的院落空间　　8.形成院中院的院落组织概念

图 10　院落改造概念

图 11　院落改造外观

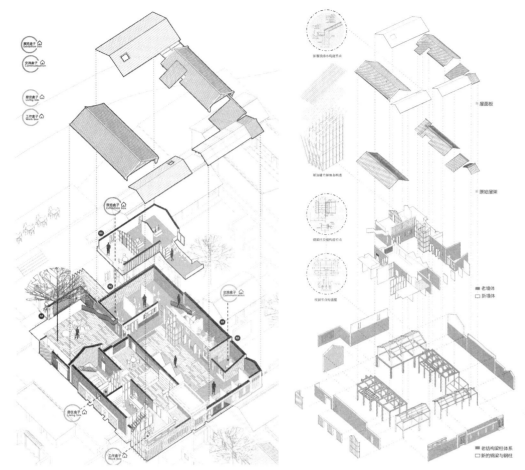

图 12　功能组织　　　　　　　　　　　　　　　　　图 13　结构与构造设计

4.结论

　　本文通过对乡村聚落改造类毕业设计在题目选择、题目设计和教学过程中的思考和总结，探讨了将调研分析、策划定位与传统的规划和建筑设计进行结合的毕业设计教学模式，通过分析，我们发现乡村聚落改造类设计具有以下三个特征：

　　1）社会现实性

　　面向具体的社会现实问题，使学生主动思考建筑学之外的内容，将前期的调查分析、策划定位与规划和建筑设计相结合，解决乡村问题和历史环境更新问题，培养学生的社会责任感和对建筑学的全面认识。

　　2）全过程性

　　在此类设计题目中前期调研和策划定位是非常重要的基础性研究，二者与乡村聚落的改造设计形成了一个相辅相成的完整设计过程，缺一不可。该设计有助于学生更深入地了解设计前期的内容，理解实际项目的全过程性和复杂性。

　　3）实验性

　　在传统的设计题目给定具体的设计主题，而此类题目则要求学生通过调研分析独立思考提出具体的设计主题，主动地思考乡村聚落所面对的问题以及未来的发展方向，具有更强的实验性。

　　(基金项目：陕西省教育厅专项科研计划项目：基于数字模拟技术的关中民居生态经验量化研究，项目编号：15JK1401；西安建筑科技大学基础研究基金：关中地区新建农宅绿色评价体系研究，项目编号：JC1504)

参考文献：

[1] 高等学校建筑学科专业指导委员会编制．高等学校建筑学本科指导性专业规范 (2013 年版) [S]．北京：中国建筑工业出版社，2013．

[2] 赵辰．乡村需求与建筑师的态度 [J]．建筑学报，2016 (8)：46-52．

[3] 雷振东．整合与重构——关中乡村聚落转型研究 [D]．西安建筑科技大学博士学位论文，2005．

[4] 周若祁，张光主编．韩城村寨与党家村民居 [M]．西安：陕西科学技术出版社，1999．

[5] 渠岩．"归去来兮"——艺术推动村落复兴与"许村计划" [J]．建筑学报，2013 (12)：22-26．

[6] 欧宁．碧山共同体：乌托邦实践的可能性 [J]．新建筑，2015 (1)：17-22．

图片来源：

图 1、图 3、图 4：毕业设计小组共同绘制

图 2：李涛绘制

图 5~ 图 13：韦拉绘制

作者：李涛，西安建筑科技大学建筑学院　讲师，国家一级注册建筑师；李立敏，西安建筑科技大学建筑学院　副教授，教研室主任

基于物理环境模拟的绿色建筑设计

——天津大学建筑学院本科四年级绿色建筑设计教学简述

刘丛红　毕晓健

Green Building Design Based on Physical
Simulation：Green Design Studio for the
Fourth-Year Students in School of
Architecture: Tianjin University

■摘要：绿色建筑是未来的发展趋势，绿色建筑的理论和方法工具应该更多地介入建筑学专业的课程体系。本文简述了天津大学建筑学院四年级建筑设计课程中，绿色建筑设计教学的组织方式、工具方法以及基于风光环境模拟分析的部分设计成果，以期为绿色建筑课程体系建设提供借鉴。

■关键词：绿色建筑　数字模拟　设计教学　本科四年级

Abstract：Green building is the tendency of the future．Theory and technology of green building should be involved into current teaching system．Taking the fourth-year students in School of Architecture，Tianjin University an example，this paper dedicates to the green building design program．Organization methods，simulation softwares，and projects based on the digital analysis of wind and natural light are presented．The results could be a reference to the construction of green building curriculum．

Key words：Green Building；Digital Simulation；Design Program；the Fourth-Year Students

　　绿色建筑是未来建筑的发展趋势，因此建筑学专业本科教育阶段应该在传统教育体系中更多地融入绿色建筑的思想观念和技术方法。其中，物理环境模拟技术是预测绿色建筑性能的有效工具，对设计方案的优化和创新具有良好的支撑作用。为了培养引领未来社会的有创造力的建筑师，天津大学建筑学院近年来积极探索以绿色建筑设计为目标的教学改革，在各个年级都增加了与绿色建筑设计理念和方法相关的专题设计课程。作为已经具备一定设计基础的四年级本科生，在低年级开放性的可持续建理念和设计训练的基础上，我们把绿色建筑设计训练的目标定位于：建立比较完整的绿色建筑设计逻辑，学习和应用绿色建筑性能预测工具验证并优化设计方案，将建筑设计创新与绿色建筑理念有机融合。

由于本科生设计题目的周期有限，学习物理环境模拟工具并做到融会贯通一般需要一定的时间积累。在四年级的绿色建筑设计训练中，我们主要选择了基于风环境和光环境分析的相关设计题目，因为理想的建筑风光环境与建筑形体塑造的关联性强，利于发挥被动式设计的优势，与传统设计方法的结合度高，容易激发学生的兴趣。下面将对设计教学成果、基本方法工具等做简要介绍。

一、课程规划与组织方式

按照学院的总体布局，四年级的设计课程题目包括类型化设计和专题设计两部分。类型设计分为高层综合体设计和大跨度建筑综合体设计；专题设计则是不同的指导教师根据研究方向自拟题目。为了推进绿色建筑设计，对于类型化题目，我们建议学生在掌握该类型建筑常规知识的前提下，尽量应用绿色建筑理念和工具完成设计方案；对于绿色建筑专题设计，则要求学生将设计对象作为载体，从不同角度切入，对建造地点的地理气候环境进行深入分析，结合功能特征提出有效的被动式策略，利用物理环境模拟工具验证和优化方案，有效整合功能、形式和建筑的绿色性能，建立比较完整的设计逻辑，完成高质量的设计成果。类型化设计一般是 8 周完成；专题设计要在前期准备的基础上，用 4 周完成具体的设计题目。

二、设计逻辑与辅助工具

在四年级绿色建筑设计教学的组织过程中，我们鼓励学生从某一物理环境性能出发，形成比较清晰完整的设计逻辑，依托物理环境模拟工具进行验证和优化，同时整合功能需求甚至文化氛围的塑造，体现理性设计的思想，尽管最终呈现的设计形式可能并不是常规的形态（图1）。

在教学中，我们一般推荐学生学习并使用风环境或光环境分析软件，这样做的原因，主要是因为理想的建筑风光环境对建筑的形体塑造有很强的作用，有利于被动式设计，不涉及建筑材料的具体参数，与传统设计方法的关联度高，容易

引导学生入门，激发学习兴趣。关于风环境分析软件主要是基于 CFD 的辅助设计软件，如几年前使用的 Airpak、Ecotect 的内置插件 Winair，以及目前广泛使用的 Phoenics 等；关于光环境分析的软件包括 Ecotect、天正、Daysim—Radiance 以及 SketchUp 软件本身及内置相关插件等。

在四年级本科生的建筑设计教学中，相比软件的熟练程度与模拟结果的准确性，我们更加注重设计逻辑的合理性。在专题设计之前，我们会向学生讲解环境分析软件的基本原理和部分软件的基本使用方法，设计过程中学生可以根据本人的基础自主选择软件。由于设计课程的周期有限，且学生刚刚接触物理环境模拟方法，因此在讨论方案的过程中，我们会引导学生根据生活经验理解原理，判断模拟结果是否具有方向性错误。从目前的状况看，几乎所有的物理环境模拟软件都在不断的发展变化之中，因此针对绿色建筑方案设计训练的目标，我们并不刻意强调模拟结果的准确性，但强调模拟结果和形式生成之间的逻辑关系。

三、基于风环境模拟的设计方案

高层综合体是四年级的常规设计题目。图 2 为基于风环境分析的高层综合体设计"By Wind"，题目选址在天津市区，南侧紧邻城市干道，北侧为已经建成的住宅小区。按照任务书要求，建筑裙房部分为商业建筑，高层部分三分之二为办公空间，三分之一为公寓。方案设计始于"探寻对周边建成环境影响最小的高层建筑形体"，通过 CFD 软件模拟确定适宜的总体布局和高层建筑形态及偏转角度；根据高层写字楼进深大、不利于自然通风的情况，改变办公部分的建筑形体，实现增大夏季迎风面风压，改善自然通风的目的；位于高层顶部的公寓，因为高处空气流速度快、建筑进深减小、中庭拔风作用等，则需要减小风压，因此建筑形体被再一次改变。方案设计以创造舒适的场地风环境，针对不同的使用功能创造舒适的室内气流环境为基本宗旨，按照"总体布局—形体设计—细部设计"的逻辑，在 CFD 软件模拟的帮助下逐步生成。

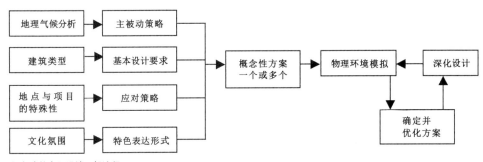

图1 绿色建筑专题设计一般流程

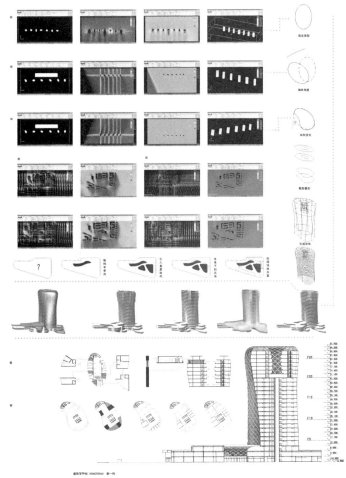

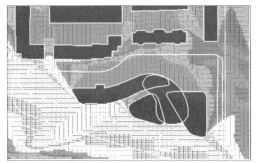

建筑方案生成过程

建筑对北面住宅遮挡情况分析

图2　高层综合体设计——By Wind

　　第二个案例是售楼处及社区中心设计方案，是天津大学与美国明尼苏达大学联合教学的成果，也是绿色建筑专题设计之一。美方要求设计过程中从某种生物或自然现象中获得启示，生成建筑整体或建筑的某一部分（biomimicry，意为生物仿生，即灵感源自自然的人工设计）。我们同时要求学生针对特定的环境选择适宜的被动式策略，借助物理环境模拟分析设计和优化方案。设计题目是在不同的地理气候环境中设计售楼处和社区中心，在住区建成之前作为售楼处，建成后则作为社区中心，体现建筑设计的可变性和可持续发展的理念。图3为设计成果之一，方案选址在福建省厦门市，通过焓湿图分析确定有效的被动式策略；定性应用被动策略形成不同的空间布局方案，然后运用CFD软件确定方案并进行优化；在此基础上从福建树屋中获得启示，最终形成环境友好、创新性突出的形体与表皮细部。

　　第三个案例来自绿色建筑专题设计"文化艺术中心设计"。该专题以文化艺术中心为实践载体，从绿色设计的角度思考城市公共空间的塑造，用尊重环境的设计逻辑寻找独特和创新的设计手法，引导学生探索绿色设计与文化建筑结合的潜力。题目推荐基地为大连西郊公园，图4是针对该基地的设计方案。在四季主导风向分析的基础上，以形成适宜的室内外风场为环境目标，以满足功能和流线组织为物质性目标，以独特的文化语境创新为形式目标，多目标有机整合形成最终的设计方案。

建设地点的主导风向、最佳朝向及有效的被动式设计策略分析

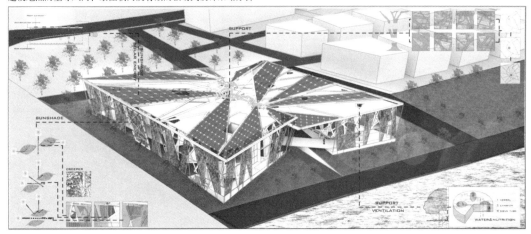

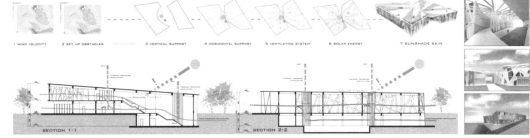

设计方案得到福建树屋的启示，借助 CFD 模拟确定建筑布局，应用被动策略并与主动技术有效结合

图 3 售楼处及社区中心设计——Biomimicry

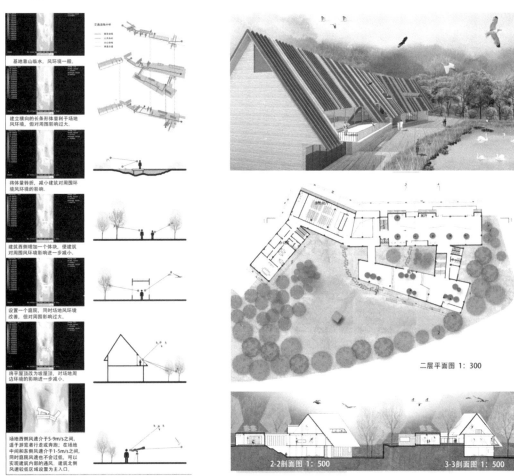

基于 CFD 软件分析的建筑生成过程

图 4 绿色建筑专题设计——文化艺术中心设计

四、基于光环境模拟的设计方案

第四个案例来自绿色建筑专题设计〝基于物理环境模拟分析的建筑系馆设计〞。题目给定两个基地，分别位于我国南方和北方，学生可以自选其一展开设计，教学过程中引导学生对基地特定的地理气候要素展开分析，并导向不同气候条件下的环境友好型设计方案，在交流和讨论中加深绿色建筑量体裁衣、应对特定环境的理念和方法。图5所示的设计方案，基地位于香港大学校园内，设计过程中首先对于基地内的建筑最佳朝向、主导风向及高效的被动措施进行分析，结合建筑系馆的具体功能和理想氛围的创造，在光环境模拟软件的辅助下确立建筑布局、形体和细部，并对建筑绿色性能的其他方面进行了定性分析与整合设计。

基地环境因素分析与适用的被动策略　　　　　　　　　建筑方案生成过程

设计创意＋光环境模拟分析与优化＋其他主被动技术策略分析

图5　绿色建筑专题设计——南方湿热气候条件下的建筑系馆设计

第五个案例来自绿色建筑专题设计，暨 2014 招商地产"绿色老年公寓"建筑改造方案设计竞赛，为既有建筑绿色化改造。项目位于深圳市南山区蛇口片区，现为 1980 年建成的现代风格的酒店，框架结构。竞赛要求在保留建筑主体结构的基础上，植入新功能，改造成为养老公寓，满足护理型、半护理型、康复医疗等多元化需求。方案设计（图 6）在保持原有框架结构的基础上，结合老年公寓的功能需要、无障碍设计、植入主被动绿色技术等完成了全方位的人性化改造设计。在建筑公共部分增加不同尺度的中庭，改善楼内的采光和通风，促进交流；结合地域气候特点设置遮阳，提升室内空间质量。改造项目不同于新建项目，受到既有建筑状况的约束，给设计创新带来挑战。

第六个案例来自四年级的常规设计项目"高层综合体设计"，是一个创意突出的设计方案，项目选址位于天津市滨海新区响螺湾商务区，裙房为商业建筑，高层主体为 5A 甲级写字楼。方案设计对高层写字楼常规的自然采光方式提出挑战，试图利用每个标准层的周边采光和部分屋顶采光来最大程度地引进自然光，减少人工采光能耗。通过光环境模拟软件分析和参数化设计工具建模，成为设计概念突出、形象创新性强、工具方法具有前瞻性的高层办公综合体设计方案（图 7）。尽管该方案存在一定争议，但是在设计逻辑、设计工具、设计成果和图纸表达方面的创新性是值得肯定的。

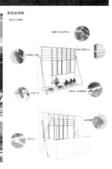

图 6　既有建筑绿色改造专题设计——招商地产"绿色老年公寓"建筑改造方案

图 7　高层建筑综合体设计——向光性

五、总结与反思

上述设计案例表明，基于模拟技术的绿色建筑设计与优化方法可以并且应该与任何建筑类型整合，是落实可持续发展思想和绿色建筑理念的有效工具，为建筑创新提供了理性的支撑。

经过几年的绿色建筑设计教学实践，笔者深感目前的建筑学教学内容亟待更新，需要增加绿色建筑相关的理论、技术、工具和方法等方面的课程；需要逐步建立绿色美学观念，突破应对功能＋形式创新的常规设计思想，在塑造形式的同时思考建筑的环境影响；需要理性设计，强调设计逻辑和方案生成过程，同时变革传统的建筑评价标准。面对不断发展进化的绿色建筑理念与工具方法，树立尊重自然、持续发展的设计观比应用各种软件的技能更加重要。相比社会对于绿色建筑的实际需求，我们的教学实践和相关的成果还很粗浅，处于起步阶段。但是我们相信，这种培养和训练会随着绿色建筑整体课程体系的完善不断深化，给学生提供一个有潜力的发展方向，关注时代发展和社会需求，关注技术进步，达成绿色性能与建筑创新之间的默契。

（基金项目：科技部国家国际科技合作专项项目，项目编号：2014DFE70210；国家自然科学基金，项目编号：51338006，51178292；教育部高等学校学科创新引智计划，项目编号：B13011）

参考文献：

[1] DeKay M, Brown G Z. Sun, wind, and light：Architectural design strategies[M]. New Jersey：John Wiley & Sons, 2013.

[2] Peter Buchanan. Ten Shades of Green [M]. New York：W.W.Norton & Company, 2005.

[3] 纪雁，(英) 丝泰里奥斯　普莱尼奥斯. 可持续建筑设计实践 [M]. 北京：中国建筑工业出版社，2006.

[4] Autodesk Inc. 主编. Autodesk Ecotect Analysis 绿色建筑分析应用 [M]. 北京：电子工业出版社，2011.

[5] Radiance 官方网址：https：//www.radiance-online.org/.

[6] Daysim 官方网址：http：//daysim.ning.com/.

图片来源：

图1：笔者自绘
图2：学生：蔡一鸣；指导教师：刘丛红
图3：学生：郑翔飞，张晓阳；指导教师：刘丛红，何捷，Blaine Brownell，Marc Swackhamer
图4：学生：霍云鹏，常炜晗；指导教师：刘丛红，毕晓健
图5：学生：曹峻川；指导教师：刘丛红，何捷
图6：学生：杨丹凝，刘涵冰；指导教师：刘丛红
图7：学生：徐然，赖献；指导教师：刘丛红

作者：刘丛红，天津大学建筑学院　教授，博士生导师；毕晓健，天津大学建筑学院　在读博士生

寒地建筑构造的模块化

黄锰

Modular Construction of Cold Region

■摘要：建筑构造（Building Details）是建筑学经典的基础课。文章针对当下建筑业界变化以及教学目标和教育模式转化，提出了模块化嵌入的方法；构建了模块化的三个有效途径——课外补充模块、动手建造模块和专题讲座模块。模块知识注重传统与更新、贯穿地方与国际，是当下课程体系的补充与延伸，是教育教学改革的有益尝试。

■关键词：构造　模块　嵌入

Abstract：Building Details is one of the basic courses of architecture. The method of embedded modularization in the change of the current construction industry, the educational objectives and the transition of the educational model are proposed. Three effective modules are extracurricular supplementary module, construction operation module and lecture module. It is the mix of traditional and innovational, local and international approach, which adds to the curricular system, and is suggested to be a beneficial attempt to reform teaching and learning.

Key words：Building Structure；Modular；Embed

序言

　　面对逐渐消解的传统构造工艺，大多数学生不清楚"四九墙"的做法和水灰比的含义，建造过程与手段已经发生了颠覆性的变化。数字化和工业化表现尤为明显，建造更多地融入结构、设备均变的洪流，体现为国际化和地方化双加强的"哑铃"趋势[1]：弱化传统经典，意味着建筑师基础基因的缺失；崇尚科技设备，又难免会游离建筑师掌控之外，导致当下的教学培养渐入了两难的境地。建筑构造相当于解剖学与材料学的结合，具有完整的系统性和设计嵌入的特点。教材系统的架构和渐进逻辑，是学生专业素质养成的基础。模块化教学能够应对变化、跨越学科沟壑，体现出针对性、灵活性与嵌入性，是对当下教材与教学的补充，同时也能体现时效性和差异化，与实践互为促动（图1）。本文以哈尔滨工业大学建筑构造相关课程为例，探讨了模块化、小学分、多选修的教学方式。

图1 建筑构造教学的知识体系

1.课堂补充模块：实物展厅、实验平台与实习基地

构造实物展厅，以实物样品和足尺模型为展示方式，场景直观、形式灵活，弥补了教材更新滞后的短板。展厅展示了建筑各部位构造的做法与工艺，同时还包括门窗、幕墙、网架等构件和辅料。展厅的室内界面均以构造断面和剖面形式出现，展示了墙体、地面、吊顶的类型；利用展架和展台陈设模型，利用展板展示详图，通过实物和模型配合，体现了图纸到实物的转化过程。展示内容可以不断更新，对激发学生兴趣、养成观察与图模思维，具有重要意义。

构件材料实验平台，利用寒地建筑科学重点实验室，针对构造与材料进行操作教学。在寒冷地区保温构造、隔声构造、材料性能等方面，进行体验带入式教学。借助于实验室的检测设备和声学实验室，可以直观演示材料的内部结构，遇环境变形等特点，利用声学的全消声室和半消声室可以让学生体会到建成环境的声学效果。让学生理解材料特性与环境属性的关系。

实习基地建设，能够保障学生在现场获得第一手知识与资料。近几年，学校逐步与材料设备厂家建立起长期联系，涵盖了不同类型的校外基地（表1），并将其作为校外实习教学环节来进行建设，同时聘请驻场工程师配合教学，起到很好的互动教学效果（图2）。

2016 年差异化的基地类型   表1

	类型覆盖	实习重点	基地名称
01	观演建筑	厅堂音质声学构造	哈尔滨大剧院
02	大跨结构	屋盖及网架构造	万达文旅城
03	大型综合体	室内街屋盖遮阳等	远大城市综合体
04	超高层	逃生平台安全疏散	寒地科技创新大厦
05	图书馆	图书馆"三统一"原则	东方学院校园
06	社区住宅	土建装饰一体化	恒大地产
07	实验用房	功能性构造节点	寒地建筑重点实验室
08	建筑工业化	商砼预制件、GRC 构件	宇辉建筑材料集团
09	门窗厂家	门窗构造节点	森鹰木窗
10	材料厂家	保温模板一体化	鸿盛集团

2.动手建造模块：真实建造与模型建造

真实建造:学院组织学生参加了国际太阳能十项全能大赛（SD）[2]，从方案到建造全部由学生独立完成。学生设计构造节点并且自己动手连接建造，全程解决了墙体连接、保温覆层、屋面排水等构造，以及遮阳、PV 板、通风设施等设备的连接。同时，学生掌握运用各种工具，了解多种材料与构造工艺，在优化比选的过程中，学会从理性与实用的角度去了解材料的连接性、耐久性和稳定性等性能。

模型建造:通过"建造节"[3]的模型训练，培养学生的动手操作能力和空间思维能力。学生通过进行特定的材料连接和空间构造，了解了材料性能、构造工艺，强化了空间认知观念（图3）。本环节重点是训练单一材料的不同连接方法和不同材料的组合连接方法。

3.专题结合模块：讲座与创新课程

针对数字化建筑的构造节点部分，开设了部分专题讲座，很多国内外相关学者和建筑师都成为课程的建设者;同时也增加了数字化模型与实体模型比对训练。学生首先选取不同的构造节点，确定适合的材料及做法，然后利用计算机建模，完成构件连接、墙体剖面以及局部组合的设计，这是理性与认知的角度;

图2 展厅、实验中心与实习基地

图3 模型建造与实物建造

接下来准备基本的建筑材料和设备,进而进行实体实物制作,一般采取实验室的现场1：1实物完成,这是从加强知识点和能力点结合的角度,来提升学生对构造知识的掌握情况（图4）。

利用创新课程建设进行知识拓展,在夏季小学期开设了建筑产业化、建造装配化技术方面的辅助选修课程。学生通过分组调研、小组讨论、设计训练和报告答辩的过程,有针对性地了解了当下的建筑发展趋势,更好地对接了未来的国家技术路线。

4.结语

当下对工匠精神的推崇,体现了时代对人才需求和产品认同的趋势。构造教学既不能彻底碾弃传统,又不能盲目跨界跟风,需要以扎根精神、理性视角和兼容的心态去面对当今时代日新月异的变化。无论是针对设计教学、技术研究还是遗产保护,构造更像是一个纵切面,成为学科的坚实支撑。模块化的板块嵌入,对学生的知识拓展,土木基础类知识整合与能力综合,都具有重要的意义。未来,无论建筑被定义为产品、

图 4　SU 数字模型与寒地经典节点

作品还是艺术品，也无论是工业化的装配式建造，还是订制式的个性创造，模块化都会在构造教学中灵活呈现，并一一做出回应（表 2）。

模块化的作用关系　　　　　　　　　　　　表 2

	模块内容	模块形式	模块目标
补充模块	展厅／实习／测试	直观认知	夯实基础
建造模块	实物／模型	动手能力	技能塑造
专题模块	数字化／装配化	行业前沿	拓展拔高

（基金项目：中央高校基本科研创新基金资助计划，项目编号：30620150192）

注释：

[1] 哑铃模式 (Dumbbell Model)，指两头的双加强模式，这里指国际化的技术趋势和地方化的技术挖掘都受到建筑师的重视。

[2] SD 国际太阳能竞赛 (Solar Decathlon, SD)，美国能源部主办，以全球高校为参赛单位的科技竞赛。借助世界顶尖研发、技术与创意，将太阳能、节能与建筑设计以一体化的新方式紧密结合，设计、建造并运行一座功能完善、舒适、宜居、具有可持续性的太阳能住宅。哈工大参加了 2013 年在山西举办的该竞赛。

[3] 建造节，近几年国内建筑院校组织的、面向低年级开设的动手实践环节。一般以团队为单位，在固定的时段内，使用纸板、木材等单一材料，创意性地制作一个小空间。

图片来源：

黄锰、席天宇拍摄，蔺兵娜制图，实物由金虹、孙世钧制作

作者：黄锰，哈尔滨工业大学建筑学院　副教授，硕士生导师

以逻辑思维培养为目的的建筑学基础教学课程改革

连海涛　舒平　魏丽丽

■摘要：针对当下建筑学新生的设计中缺乏逻辑的问题，本次教改采用立方体训练结合设计的基础教学方法。立方体的训练从建立秩序感开始，经历重构、解构的过程，以达到加强学生自主学习及在学习过程中观察、对比、分析、归纳、演变等能力培养的目的。该训练最终通过"亭子"设计的题目验证学生逻辑思维能力掌握水平。

■关键词：逻辑思维　立方体　基础课程

Abstract：In order to improve the level of logic thinking in the architectural design work，this reform applied the basic teaching method of the cube training combined with design．The training started from the establishment of the order to reconstruction of order，and then to deconstruction of order．In this way，the ability of students′ autonomous leaning and the capability of observation，comparison，analyzing and induction in the studying process，were both promoted．Finally，the "Pavilion" design project assessed the logical thinking ability of students．

Key words：Logical Thinking；Cube；Fundamental Course

一、引言

　　中国建筑教育的演进大致分为三个阶段：巴黎美院式（Ecole DesBeaux-Arts）、包豪斯式（Bauhaus）和当代的空间教学体系。1928 年，随着梁思成、杨廷宝等一批建筑学留学生从宾夕法尼亚大学学成归来，然后投身到中国建筑教育当中，标志着美式巴黎美院体系开始在中国扎根。1942 年，上海圣约翰大学建筑系成立，随后包豪斯式教学被带到了中国。改革开放后，包豪斯教育在中国逐步得到推广和发展。20 世纪 50 年代，我国建筑学者冯继忠先生在同济大学推行了空间原理教学体系。伴随着改革开放和国内各大高校与国外学术界的交流日益增多，当代建筑基础教学呈现一种百家争鸣的状态，比如受到瑞士 ETH 影响的顾大庆、丁沃沃、王建国等教育学者发展的教学体系，以及西安建筑科技大学刘克成提出的"自在具足，心意呈现"式建筑教学体系等。

面对纷繁复杂的建筑基础教学体系，如何依据建筑系自身特点和学生情况，抽丝破茧地寻找到适合的基础教学课程至关重要。笔者在2014年参加了由顾大庆教授主持的全国建筑设计教学研习班，了解了该教学体系，并依据其调整了一年级基础教学大纲。通过研究发现，该教学模式虽然注重内部空间的形成逻辑，但是缺乏对于建筑外部空间组织逻辑的训练。因此，结合本院的情况，单独设置一门以逻辑培养为目的的课程非常必要；同时，作为一门基于外部空间组织的课程，这也是对现有大纲的有益补充。

二、"逻辑思维"在建筑教育中的培养与应用

逻辑思维（Logical Thinking）是人的理性认识阶段，是人运用概念、判断、推理等思维类型反映事物本质与规律的认识过程，常称它为抽象思维（Abstract Thinking）。逻辑思维是用科学的抽象概念揭示事物的本质，表达认识现实的结果过程，它具有确定性、条理性、多样性，是认识能力、理解能力的核心。

本文所讲逻辑思维主要是形态的逻辑性，或者说是空间、形体、建构的逻辑性，应该与形体的秩序相关。这种秩序性是一种可以用简单语言进行描述的形式关系，可以是数字关系、比例关系等，从古至今这样的秩序性反复在形态设计中被使用，如希腊的柱式、神庙，中国古代的斗栱、殿堂等。

形态艺术曾被认为是由非逻辑的，但近代的一批抽象艺术家却用他们的作品颠覆了这一印象。例如，蒙德里安的树越有逻辑，大量的黄金分割与饱和度的契合使画面达到一种平衡，"万物内部的安宁"正是他提取的美的逻辑（图1）。荷兰艺术家摩里茨·科奈里斯·埃舍尔（M.C.Escher，1898-1972）在他的作品中数学的原则和思想得到了非同寻常的形象化，《凸与凹》《画廊》《圆极限》都是很好的例子。

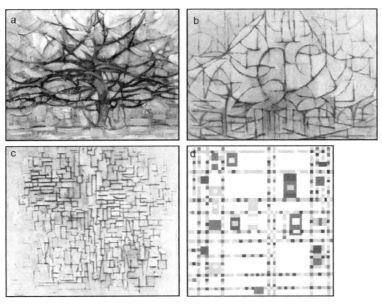

a~c 为树从具象到抽象的演变过程；d 为 Broadway Boogie-Woogie
图1　蒙德里安的创作

现代的建筑师对逻辑同样十分重视。施罗德住宅只需看上一眼，就能联想到蒙德里安的画，逻辑因建筑展现，建筑因逻辑光彩（图2）。柯布西耶用"基准线"分析了某别墅（1916）、斯坦别墅和罗马市政厅，通过分析发现立面构图中比例、角度和对称性，整体的均衡和形体的比例是控制美的逻辑法则（图3）。

图 2　施罗德住宅

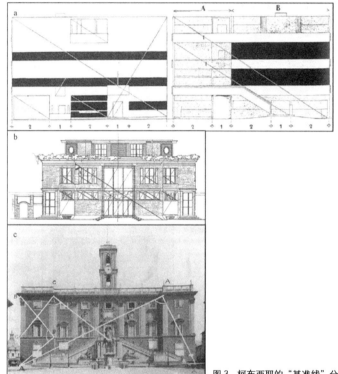

图 3　柯布西耶的"基准线"分析

三、课程目的、内容与方法

基于知识、能力、素质"三位一体"的教育理念，课程设置以鼓励自主学习为目的，强调"做中学"（Learning by Doing）的教学方式，将学生变成学习的主体，使其充分体验学习过程中的探索与发现。课程教学不仅是传授知识，更是教导获取知识的方法。通过大量的模型制作，以及对模型的观察与分析，拓展学生的空间想象力，提高学生的创造性。通过逻辑思维的建立，使学生获得概括、对比、知识迁移以及从一般到个别的思维能力。

课程以立方体作为载体，着重训练建筑外部空间组织的逻辑性。立方体的变量因子有四个：个数、尺寸、材质和组合方式，如果考虑所有变量的变化组合方式，就会因为教学题目的数量过大而导致教学失去控制。围绕教学培养目标设定训练的起点和边界范围是课程设计的重点。

通过教研讨论，将课程训练的起点（称之为"秩序"）定为三个大小、材质完全相同的立方体，组合方式的条件确定为相离或相切。首先通过公共课的形式，将"秩序"的概念，以及如何产生"秩序"的基本知识灌输给学生，为学生的练习提供理论基石。然后要求学生利用三个提前准备的相同的立方体进行操作、观察、记录，拓展学生的空间想象力。同时通过对比、概括等过程培养学生总结归纳的能力。在点评过程中，老师将学生集中起来，让学生以游戏、竞赛等方式，表达自己作品中所体现的秩序，最后由老师进行总结。

第二个题目（称之为"重构"）是改变三个立方体其中一个的大小或者材质，且组合方式不变。

首先梳理"重构"的概念，并针对该阶段所要求的成果讲解了一定的计算机表达技法。然后要求学生改变上一阶段三个立方体中一个的大小或材质并进行操作、观察、记录；并与上一阶段的结果进行比较分析，拓展学生的空间想象力和空间组织能力。在点评过程中，老师将学生集中起来，延续游戏、竞赛的形式，结合上一阶段对本阶段作业进行对比与总结。

第三个题目（称之为"解构"）是在第二个题目的基础上，组合方式上增加一个相互交错的条件。首先梳理"解构"的概念，通过增加"交错"这种组合方式，强调思维的发散，使学生思索新的逻辑形式。然后，要求学生结合这种新的组合方式进行操作、观察、记录，并与"秩序""重构"的组织方式进行对比分析，概括出新的逻辑形式。该阶段要求学生以 SketchUp 模型或手绘透视图的方式表达成果，最后由老师集中进行点评。

第四个题目是一个小型设计项目——"亭子"，要求学生利用前几个阶段获得有关形式逻辑思维的知识，结合真实环境，完成亭子的设计任务。同时要求用小木方做 1：10 的搭建，通过搭建过程学习建构知识。课程最后由师生共同投票选中一个最优方案并完成 1：1 的搭建，培养学生大比例模型制作能力和团队协作精神（表 1，图 4～图 8）。

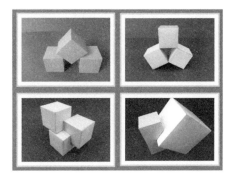

图 4　学生立方体作业

课程大纲　　　　　　　表 1

课程题目	课程组成	课程目的	教学过程	表现技能	计算机技能	作业评价	相关建筑案例
秩序（原型：三个等大且同材质的立方体）	A. 讲解："秩序"的概念和知识，二维图纸画图规范和排版技巧（2学时）	理解逻辑思维及其在建筑设计中的应用	公共课			评价标准：1）模型制作的能力（25%）；2）图面表达的能力（25%）；3）逻辑思维与文字概括能力（25%）；4）组织方式选择的能力（25%）	原型 实际案例 案例抽象
	B. 练习：通过操作、观察了解立方体在三维空间组织的各种可能性，通过抽象、概括，得到最独特的6种组合方式（8学时）	拓展学生的空间想象力；使学生获得概括、对比、知识迁移以及一般到个别的逻辑思维能力	课前要求学生准备三个 6cm×6cm×6cm 的同色立方体，课上是以学生为主体学习，学生通过自己的操作，观察记录等方式进行学习，教师通过交流进行指导	速写或照片	Indesign 排版技法		
	C. 表达：通过制作模型、画图、拍摄照片、文字描述等方式完成A2图纸（课外时间）	提高模型制作能力、图面表达能力、文字表达能力	自选6种组织的结果，以画图的形式表达在A2号图纸上。要求每种组织方式的图面下方有不多于10个中文字符的文字描述，阐释组织中所含的逻辑思维	平、立面图，图面排版			
重构（单一变化：三个等大同材质的立方体，将其中一个变大或者变色）	A. 讲解："重构"的概念和知识；介绍轴测图的画法及Photoshop修图技法（2学时）	理解、对比、分析、概括等逻辑思想及其中在建筑设计中的应用	公共课			评价标准：1）模型制作的能力（25%）；2）图面表达的能力（25%）；3）文字概括能力（25%）；4）组织方式选择的能力（25%）	单一变化 北方四合院内院的正房与耳房 抽象图案
	B. 练习：通过操作和与原型作品对比观察，总结概括新的形式逻辑（8学时）	获取对比、分析、概括的思维能力	课前要求学生准备两个 6cm×6cm×6cm 的同色立方体，一个等大的不同色立方体或者和一个 12cm×12cm×12cm 的白色立方体。课上以学生自主学习为主，强调让学生去对比和第一个阶段组织结果的异同。教师通过交流进行指导，强调概念，借助经验，引导学生发展更多可能性的组织，开阔学生的思维	速写、照片	Photoshop 修图和排版技法		
	C. 表达：通过照片修片、绘制轴测图完成作品（课外时间）	掌握轴测图画法、图解画法、Photoshop技法	自选6种组织的结果，以画图、模型照片等形式表达在A2号图纸上。要求每种组织方式的图面下方有不多于10个中文字符的文字描述，阐释组织中所给的逻辑思维	结构轴测图、图解			

课程题目	课程组成	课程目的	教学过程	表现技能	计算机技能	作业评价	相关建筑案例
解构 （在重构原有变量的条件下进一步探索各体块的组合模式）	A.讲解："解构"的概念，在对秩序和重构认知的基础上，通过增加组合方式——交错，强调空间思维的发散，思索新的逻辑形式（2学时）	理解"重构"的概念，三个立方体消失了，融合于一个或两个立方体之中	公共课		Sketchup 制作模型技法	评价标准： 1）模型制作的能力（25%）； 2）图面表达的能力（25%）； 3）文字概括能力（25%）； 4）组织方式选择的能力（25%）	 组合方式变化 圆厅别墅（希腊十字式） 抽象图案
	B.练习：通过操作，观察，并与秩序，重构组织方式进行对比分析，概括出新的逻辑形式（8学时）	强化锻炼分析，比较，概括，知识迁移，多元化思考和创造性思维的能力	课上是以学生自主学习为主，强调学生去对比和第一个阶段组织结果的异同。教师通过交流进行指导，强调概念，借助经验，引导学生发展更多可能性的组织，开阔学生的思维	速写，拍照			
	C.表达：通过制作SketchUp模型、绘制透视图等方式完成A2号作品（课外时间）	掌握SketchUp模型制作能力和透视图的绘图技法	自选6种组织的结果，以画透视图，SketchUp模型等形式表达在A2号图纸上。要求每种组织方式的图面下方有不多于10个中文文字符的文字描述，阐释组织中所给的逻辑思维	画透视图，SK模型。			
单体空间营造—— 亭子设计	A.讲解：设计任务书，重点强调场地环境，结构和形式逻辑的线索考虑（4学时）	掌握人体尺度、建筑与环境、结构与材料、形式与逻辑方面的知识	公共课		Indesign 排版制作和Sketchup 模型制作进阶技法	评价标准： 1）模型制作的能力（25%）； 2）图面表达的能力（25%）； 3）文字概括能力（25%）； 4）作品集制作的能力（25%） 注释：优胜组由于要完成搭建所以不需要制作作品集且成绩评定为优	 1：10 模型 1：1搭建完成效果
	B.练习：搜集资料、形成方案、制作模型、择优进行搭建四阶段构成课程训练体系（26学时）	将形式逻辑思维的能力应用到设计之中的能力及学生团队配合能力	课前完成现场调研和收集资料，课上用制作模型的方式考虑方案的形成。教师通过与学生交流互动进行指导，最终通过教学组教师投票选出优胜组	大比例模型制作技法			
	C.表达：电脑文本制作（A3号作品集）或1：1模型展示（12学时）	进一步掌握高阶的软件制作知识，加强大比例模型制作能力和团队协作能力的培养	将立方体作业和亭子设计作业汇总成一本作品集。优胜组被选出来，参加亭子的1：1搭建	作品集制作			

图5 学生作品——亭子（左：姜琳柯作业；右：刘雨飞作业）

图6 2014年亭子现场搭建（木工与学生协同完成1：1搭建）

图7　2014 年最终搭建完成的亭子作品

图8　2014 年阶段性成果模型公开展览并邀请教授进行讲评

四、结语

通过近几年在建筑课程中引入逻辑思维教育，我们分析比较了学生的作业集以及课后评价问卷和并与学生代表进行深度访谈，发现学生对课程的学习兴趣和设计能力都得到了较大提升。

一方面，这种在"折腾"中学习的方式激发了学生的兴趣。由于立方体训练没有很多限制条件，因此减轻了初学者的畏难情绪，在"折腾"这种过程中学习，也激发了大家的探索欲望，认为该练习开拓了他们的空间思维视野。另一方面，长时间的教研显示，学生后期在建筑设计中应用逻辑思维的能力有明显的提高。理性取代了随意，设计元素之间更具联系而非孤立，普遍提高了学生们的逻辑思维能力和创造性。

总之，以逻辑思维培养为目的的基础教学改革在学生实践中取得了良好的示范效应。高年级的老师普遍反映通过该基础平台训练过的学生，其设计作品的逻辑性和创造性更强。各年级也逐步增加了以逻辑训练为目的的培养环节，形成了本科教学体系的特色。同时，在教学改革中我们也发现了一些不足。比如：在体块训练环节中对建筑案例的介绍不足，致使部分学生感受不到该训练在建筑设计中的作用；空间训练、技法训练和表达训练的结合增加了学生理解的深度和难度，导致部分学生未能认识到三者间的主次关系，产生了重技法轻逻辑的问题。我们希望在今后的教学中进一步调整，并与广大建筑学教学同仁交流。

（基金项目：2016−2017 年度河北省高等教育教学改革研究与实践项目；项目编号：2016GJJG123）

参考文献：

[1] 丁沃沃. 回归建筑本源：反思中国的建筑教育 [J]. 建筑师，2009，34 (4)：85−92.
[2] 顾大庆，柏庭卫. 空间、建构与设计 [M]. 北京：中国建筑工业出版社，2011.
[3] 王龙. 论课程教学种逻辑思维与非逻辑思维 [J]. 黑龙江高教研究，2012，220 (8)：158−161.
[4] 曾引. 从哈佛包豪斯到德州骑警——柯林·罗的遗产（一）[J]. 建筑师，2015，176 (4)：36−37.
[5] 王启瑞. 包豪斯基础教育解析 [D]. 天津大学，2007.

[6] 沈源．整体系统：建筑空间形式的几何学构成法则 [D]．天津大学，2010．

[7] 项瑾斐．施罗德住宅及其历史意义的研究 [D]．清华大学，2005．

图片来源：

图 1、图 3：参考文献 [6]

图 2：左图来自于参考文献 [7]；右图来自于百度百科：http：//baike.baidu.com/link?url=EZiOB0kLdbX3DeWN
LdnLwPlxyZldDp_ia_Rdok6beRMD_Er−4tCQ82zcti78atXEYpSNawNv3Opzn9−fqpLOWNasQEW4gLaA1DSLkJ_
f0v9BmiBU8−avM2kwSaQVWjdA3WFb−JtLCLSOot47nnDbja

图 4~ 图 7：学生制作拍摄，经过允许发表

图 8：作者自摄

表 1：作者自绘

作者：连海涛，天津大学建筑学院 博士研究生，河北工程大学建筑与艺术学院 讲师；舒平，河北工业大学建筑与艺术设计学院 院长，教授，博导；魏丽丽，河北工程大学建筑与艺术学院 讲师

图 1、图 3：参考文献 [6]

图 2：左图来自于参考文献 [7]；右图来自于百度百科：http：//baike.baidu.com/link?url=EZiOB0kLdbX3DeWN
LdnLwPlxyZldDp_ia_Rdok6beRMD_Er−4tCQ82zcti78atXEYpSNawNv3Opzn9−fqpLOWNasQEW4gLaA1DSLkJ_
f0v9BmiBU8−avM2kwSaQVWjdA3WFb−JtLCLSOot47nnDbja

数据化设计

——以空间句法为核心技术的研究型设计教学实践

盛强

Data-Informed Design: A Research-Based Experimental Design Studio under the Concept of General Transportation and Communication

■摘要：本文介绍了北京交通大学建筑与艺术学院在 2016 年本科生四年级和研究生一年级开展的 "数据化设计" （Data—Informed Design）研究型设计课程教学实践。该课程以空间句法理论和模型为核心技术，综合实地调研数据与网络开放数据的挖掘与空间分析，充分结合研究生与本科生的特点，以数据回归分析的成果为基础进行设计前期开发理念的评估和设计过程中空间形态的优化。作为一种新型的设计课教学方法探索，本文总结了该教学实践研究与设计的无缝衔接，研究生与本科生协同创新，综合利用网络开放大数据与实地调研小数据推进基础研究，充分体现教研结合的特点，并根据近两年该设计课教学中存在的问题提出了未来改进的方向。

■关键词：数据化设计　空间句法　"研—本"一体化教学　网络开放数据　研究型设计

Abstract：This paper presents an innovative design studio named "Data—Informed Design" for 4th year undergraduate and 1st year master student. Using space syntax as main theory and analytical tool, this studio combines field work with the open source data—mining, spatial analysis and design process based on the findings. As a summary of this new way of teaching design studio, this approach could establish a strong band between research and design. It also requires a cooperation between undergraduate students and master students working in different groups. As an experimental design studio, it focuses on the research embedded design and explores the use of big data in transforming conventional design process.

Key words：Data—Informed Design；Space Syntax；Undergraduate—Master Student Joint Studio；Open—Source Data；Research Embedded Design Education

一、从广义交通视角看数据化设计的特点与意义

近年来，互联网和大数据的发展已经成为城市规划学科的热点，但在尺度较小的城市设

计和建筑设计领域尚未体现出明显的影响。如何充分利用信息时代的数据资源，推进城市与建筑空间设计教学方法的改革，甚至实现通过教学促进相关领域基础实证研究的发展是本次教学实践的核心目标。"交通"在古汉语的本义中并未特指具体的交通技术或物理空间中的运动通达性，而是泛指人与人之间，甚至是人与自然、自然中各事物之间的交流与互通，所谓"天地交则万物通，上下交其志同也"。在今天信息时代的发展更是要求打破学科之间的壁垒，实现新知识、观念和技术的生产与传播。具体到建筑与城市设计专业，道路交通网络为用地功能提供了结构框架，商业综合体等大型建筑中的流线组织也是项目成败的命脉。本文将主要以"数据化设计"的系列课程建设为例，集中介绍近年来在设计课教学改革中进行的一系列探索，希望能够起到抛砖引玉的作用。

首先，需要说明的是数据化设计的特点：

1. 从研究与设计的关系来看，数据化设计（Data-Informed Design）不是数字化设计或参数化设计，后者的基础是电脑技术驱动的形态探索，侧重于充分利用算法为设计方法、形式和建造方式上提供的新的可能性，其侧重点仍然在设计上；而数据化设计的基础则是环境行为科学，关注空间设计对人活动行为的影响，基于实证数据中体现出的客观规律来进行方案评估和优化。从这个角度来说，数据化设计应属于循证设计（Evidence-Based Design）或研究型设计（Research-Based Design），对研究与设计应是并重的。

2. 从对模型的依赖性来看，数据化设计更突出数据驱动的空间模型对设计的作用。研究型设计的概念更为广泛，可以是基于纯理论研究提出设计概念或成熟的模型，未必需要实证研究或数据的支持。如应用物理环境模拟的模型对方案形式进行评价时，不一定需要在本地实地采集物理环境数据，完全可以依据本地的地理位置等参数设定下的成熟的环境模型进行模拟与分析。数据化设计则从概念上强调了对数据的依赖，而"化"则体现出模型对于数据的解释作用和对设计流程的支持作用。

其次，推动数据化设计有以下意义：

1. 在基础研究层面，有助于将研究型设计方法的教学从建筑物理学拓展到环境行为学。长久以来，建筑学被认为是一门技术与艺术并重的学科，但除结构和材料之外，其技术层面的内容往往被作为设计的限制条件，设计自身在教学中仍侧重的是对材料和空间的组织艺术。近年来，绿色建筑的发展在很大程度上强化了建筑学科中技术科学的比重，但其基础科学仍是物理学。城市和建筑学的基本意义在于为人类生活提供适合的物质环境，其本质在于空间与行为之间的关系，因此，推进以环境行为学研究为基础的数据化设计有助于让建筑学的科研从"格物致知"回归到"以人为本"。

2. 在设计方法改革层面，数据化设计有助于在研究与设计之间建立更有效的联系。无论是在本科生还是研究生教育中推进研究型设计的障碍，主要在于研究与设计的差异：前者强调的是从现象到规律的分析过程；后者强调的是从目的到结果的创造过程。这种差异导致在研究型设计的实践中往往容易带来两个环节的脱节现象。笔者认为，以数据驱动的空间模型为基础有助于从根本上建立从研究到设计的有机联系。数据是研究的起点，而基于数据分析建立的空间模型则对设计阶段的概念形成和评价有直接的意义。

二、空间句法基础实证研究——数据化设计的引擎

数据化设计的核心在于"数据—研究—设计"的连续性，而空间句法则是一种将数据分析与设计联系在一起的理论和模型工具。国内对空间句法理论的引进可以上溯到 20 世纪 80 年代，已有大量的论文介绍其基本理念和方法，在这里本文不再赘述。

简单来说，在实现数据化设计的理想过程中，空间句法具备以下四点特殊的价值：1. 在对设计的支持方面，空间句法理论及模型抓住了"空间形态与行为之间的关系"这个城市学和建筑学的基本议题，有助于直接地支持设计中"空间形式的推敲"；2. 在行为学研究方面，自 20 世纪 70 年代起，空间句法在国际范围积累了大量对交通流量、功能用地、空间认知、社区安全、商业价值、文化习惯等领域的基础实证研究成果，被证明能够以理性量化的方式分析空间形态的影响；3. 在实用性方面，空间句法的软件模型操作简单，便于上手，仅需要 CAD 绘制的基础地图或方案简图便可以快速进行方案的分析和评价；4. 在利用信息时代成果方面，现有大数据对城市和建筑学的意义多局限于数据可视化和纯研究层面。作为一种积累了 30 年小数据研究成果的成熟模型，空间句法能在数据与空间规律之间迅速建立有效的联系，有助于充分利用当代数据获得方式多元化的优势，特别是可以直接应用网络开放数据来支持远程的研究。因此，信息时代的大数据资源可以为空间句法研究节省实地调研的成本，便于学生的设计应用。

此外，从数据化设计对我国空间句法基础实证研究的支持来看，在经历了初期对概念、理论和模型算法的介绍之后，国内学者的空间句法研究逐渐深入到实证研究领域[1]。然而，与国际空间句法学界（特别是英国学者）相比，我国的实证研究案例仍然显不足。在对城市与建筑设计方向上，根据英国 UCL 大学空间句法实验室和空间句法公司多年来大量的实践经验，应用空间句法模型支持设计所需的基础研究主要包括以下几类：1. 对各类

交通流量（机动车、自行车、步行）的实地调研及该数据与空间形态的相关性分析，有助于精确的选取适当的参数组合进行设计方案评侧；2. 对步行流量较大的公共交通站点进行轨迹跟踪调研，精确的量化评测步行流量的空间分布，便于评估各街道的可达性以确定其适合开发的功能；3. 对基地周边活跃城市功能（各商业服务娱乐功能）分布数量或面积的调研，根据基地所在城市经济发展状况和各业态的空间分布规律量化评测基地开发对各类业态及空间分布的支持能力；4. 对基地周边公共空间使用人群活动的"快照"（Snap-Shot）调研，有助于量化分析各街道及各级公共空间的使用状况。以上几种基础实证研究主要应用于轨道交通站点周边的城市设计与大型公共或商业类建筑设计、公共空间设计、居住区设计等题目，且这些研究在国际空间句法领域均有较为成熟的研究先例和成果积累，便于结合中国的实际情况快速转化应用支持设计课程的教改。

三、数据化设计的教学环节与支持课程体系

1. 数据挖掘—数据分析—数据设计的链条式教学环节

基于空间句法基础实证研究的数据化设计初期探索成果[2]，2016 年笔者在本科四年级教学中以北京东四地区的城市设计和商业综合体建筑为题目，展开了数据化设计课程的教学实践。为有效地突出实证研究和空间分析在设计流程中的重要性，在教学环节设置上该设计课程均采用了"数据挖掘—数据分析—数据设计"的三段式结构。

数据挖掘部分和数据分析部分是数据化设计的核心内容，该部分可以理解为传统设计课程中基地调研环节的深化和拓展。

数据挖掘阶段的课程安排一般为 1 周，此阶段学生需每天进行基地调研，学生以 6~8 人的小组形式对基地周边已定研究范围的区域进行道路截面流量实测，进出站人流轨迹跟踪，以及网络评论数据挖掘统计和可视化等工作。数据分析阶段的课程为 2 周，内容包括对空间句法软件在实证数据分析方法上的深入教学，特别是各类数据回归方程的建立，它们是理性量化的预测评估设计方案影响的核心技术。

对道路截面流量的调研各组分片区负责，调研选取周中和周末两天，每天至少 4 个时间点。全年级需统一调研时间，每人负责 6 个道路截面测点以视频拍摄 5min 的双向机动车、非机动车和步行流量（图 1）。

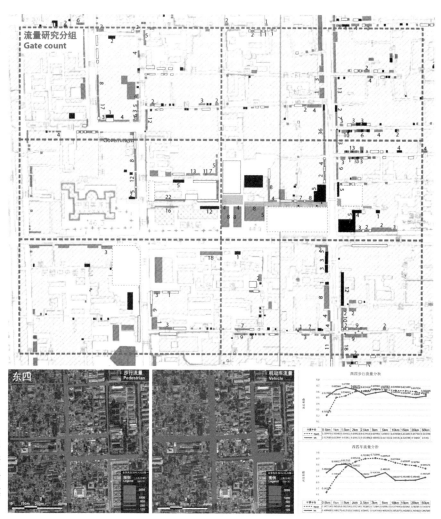

图 1 东四地区各大组道路截面流量调研区域划分、流量数据可视化及空间句法模型分析

地铁出站轨迹跟踪方面，各组可分别安排人员和调研时间，但各组组长需对地铁站各个出口出站人流量在一天中的分布状况进行预调研，确定各出口人数比例。对一个地铁站的轨迹数量需达到至少400条，跟踪时采用从出站口随机选取跟踪目标，以"咕咚"（一款手机运动APP）记录跟踪轨迹，跟踪直至被跟踪者进入建筑内部5min不出来为止，并将出行目的按商业、办事、回家和换乘其他交通工具分为四类。此外，由于东四隆福寺大街早市为特色功能，在早间聚集了大量周边的居民，本次跟踪调研除了对地铁出站人流的跟踪外，还包括了对早市使用者的跟踪（图2）。本次设计课涉及本科四年级近50名同学，在两天的跟踪调研中共获得有效地铁出站人流轨迹592条，市场顾客回家轨迹160条，跟踪总距离达302390m。

需要特别指出的是，考虑到参与本次调研的学生数量较多，在视频布置观测街道截面流量时笔者有意加密了测点，附带记录了该区域各商业功能出入口的进出顾客量。在国际上现有的空间句法实证研究中，道路截面流量是普遍的实证研究，但尚未见有如此规模的、针对各店铺进出顾客流量的基础数据。

统计大量进出店顾客量的数据有助于大幅推进针对各业态空间盈利能力的基础研究和高精度步行流量建模。此外，近几年的空间句法理论和方法教学显示，有设计背景的学生往往认为是功能吸引了流量，而非流量引发了功能。而对比街道截面流量数据与进出店顾客量数据，即便是该

区域最有吸引力的店铺相对于其所在街道截面流量的比例也不到0.1%。因此，穿过性的流量是店铺赖以生存的基础，而单个店铺无论其设计多么成功，作用是非常有限的。

对实测顾客数的统计在研究型设计教学上的另一个重要意义便是验证网络开放数据在街区尺度范围高精度空间分析中的可用性。以视频记录的研究方法虽然可靠性较高，但却过于依赖大量的人力投入，数据化设计的未来在于在实证研究基础上拓展多重数据源，降低实地调研的依赖度。在本次实践中，学生对比了餐饮业的大众点评评论数与实测顾客数之间的差异，并应用空间句法模型量化分析了各价位餐馆和人气参观分布的空间规律（图3），为后期方案的功能分区定位打下了数据的基础。

在数据设计阶段，学生被重新分成2~3人的设计小组展开方案设计，其中城市设计阶段为5周，建筑设计阶段为8周。城市设计阶段需在前期数据空间分析的基础上，进行方案的评价与优化，并将该过程在最终的图面中表达出来。

具体来说，本次设计课中对前期研究的应用方式大致包括以下几个类型：首先是城市设计阶段地块划分方案对各类流量的影响评价，如在图4所示的成果图中，学生将设计方案路网对应的人流量、车流量预测值与现状进行了比较，明确了未来各类流量空间分布的等级强弱；其次是基于对各类功能空间落位规律的观察分析，特别是与各类流量的关系，学生可基于设计方案对各类流量的预测值进行用地功能的划分。

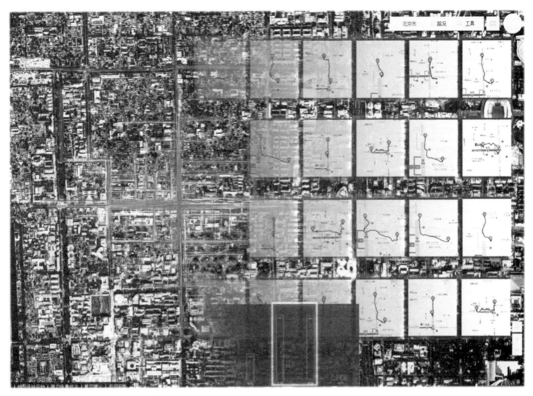

图2　东四地铁站各目的出站人流轨迹分布统计

图3 大众点评网评论数与实测人流数据对比

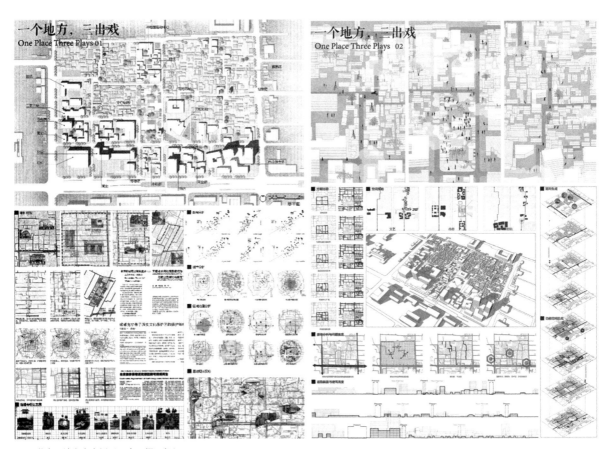

图4 学生设计方案案例（王鑫、梁西组）

除此之外，东四地区正在进行地铁8号线南扩工程，未来将在隆福寺大街的西端设置一个新的站点。基于对现有东四站的出站客流轨迹分析，负责该数据的学生提出了出站客流量与距离衰减和整合度的量化关联，其二元回归分析方程的预测能力也在60%以上。基于此研究成果，部分学生应用该方程对拟建地铁站点周边的道路形态进行了量化分析评价，并突出了步行者和骑行者空间行为规律的路网设计（图5）。

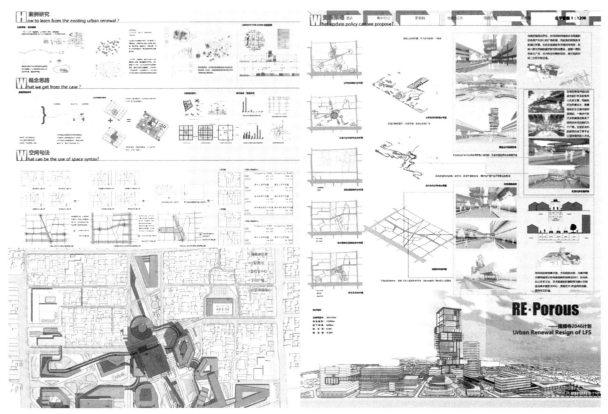

图5　学生设计方案案例（周晨、刘诗柔组）

2."研—本"一体化的支持课程体系

经过了2014年和2015年两年的探索（在8周设计课中引入3周的研究模式），以本科生为基础的研究型设计课可以起到在短时间内突击收集大量实地调研数据和网络开放数据，并完成简单统计分析与空间分析的任务，也可以做到将研究的成果应用于方案设计中。但是，具有科研创新意义的研究往往需要较长的周期，很难与设计课程的进度相匹配。因此，真正支撑数据化设计作为一种研究与设计相互结合促进的平台，需要的是专业教师、研究生与本科生构建的一体化课程体系。

此课程体系的关键在于实现科研工作的长周期成果能够有效地转化为设计课教学需要的工具，同时设计课收集到的基础数据可以有效地支持空间—行为关系关键性技术的基础科研。为此，以研—本一体化课程的标准数据化设计课程为核心，在该课程之前和之后的本科生和研究生阶段都安排了一些独立的支持性课程（图6）。

具体来说，在课题的准备阶段，依托本科生的计算机辅助设计软件教学和城市综合社会调查研究两门课程，可对学生进行初步的空间句法软件操作教学，并结合该课程教学进行北京市三个设计课程备选区域的截面流量预调研。2015年秋季学期选取的三个地段分别为前门、东四和三里屯，最终选择了东四地段作为数据化城市设计和建筑设计的基地。另外，在研究生课程中，"数据时代的空间分析与设计"课程则集中深入地教授了空间句法理论、软件操作和调研及数据分析的方法。

在标准数据化设计课程进行阶段，少数研究生作为助教具体参与本科生的调研和数据整理，并分别负责各类交通流量分析和商业功能落位分析等研究工作，指导各组本科生完成3周研究阶段的汇报。

需要特别指出的是，研究生在此阶段的另一个任务是建立关键的数据链。比如，基于东四站出站人流轨迹跟踪可以获得出站人空间分布的回归方程，但新建地铁线路及站点的使用状况预测仅能基于现状地铁

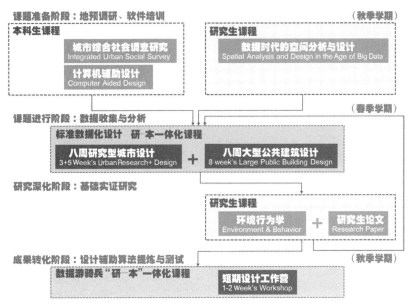

图 6　数据化设计课程本硕一体化的支持课程体系

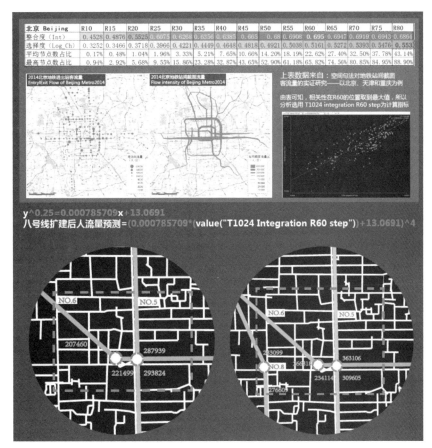

图 7　研究生在数据化设计课中对地铁新线路客流量和新站点乘降量的预测分析（周梓珊）

刷卡大数据，应用城市整体尺度空间模型进行分析才能完成。这类工作和分析方法的教学难以在短期内对本科生展开，却是研究生科研工作成果的应用。在本次设计课中，对地铁乘客流量和乘降量这个连接城市与街区尺度的关键性数据的预测便是由研究生完成的（图7）。

　　能够在较短时间内实现对该部分设计工作的支持实际上源于前期基础研究的进展[3]，但大多数情况下，基于本次调研数据突破性的研究往往都要在设计课程结束后依托其他后续课程，如环境行为学或研究生个人的研究方向进行深入。近期依托大量实测进出店顾客流量和细分业态功能分布数据，笔者的研究重点在于将对功能使用状况的分析提升到与流量分析相应的精度，并直接建立空间与功能的量化联系。这些基础实证研究的成果将为下一次标准数据化设计课程和短期"数据游骑兵"的工作营式教学提供关键的技术，并通过教学完善和测试新的方法。

四、数据游骑兵

作为"研—本"一体化的核心，标准数据化设计课程在整个系统中无疑占据了中心地位，集中进行了大量实地调研数据的收集、分析和设计应用，并要求不同年级学生团队的高度统一行动与配合，可以类比为战争中的阵地战。然而，此类课程另一方面也存在着组织难度高，人力成本要求高，周期较长的局限。事实上，从设计师人才培养的角度来看，在未来设计或规划院的工作环境中这种协同工作方式是不可能存在的。因此，为了进一步推广数据化设计的理念与方法，真正意义上改革设计师的工作方式，需要建立一种快捷的、适于单兵的、纯粹依靠网络开放数据的、远程的数据化设计方法。这种方法根据其"小、快、灵"的特点被命名为"数据游骑兵"。由于对该方法的详细介绍笔者已在 2016 年《时代建筑》（第 3 期）中发表了相关的论文[4]，这里仅简单提其中两项关键的技术。

作为对大量实测车流量数据的替代，可考虑采用基于航拍图结合街景图排除路边停车估算各主要道路车流线密度的做法（图 8）。笔者在张家口、徐州、长春等地经过初步测试该方法能够有效地锁定大尺度范围的空间句法穿行度或整合度参数。但是，目前依托街景地图进行步行流量的替代分析尚有一定的难度，需要进一步测试。

对功能空间分布的分析，目前可考虑使用基地周边街区尺度高精度细分业态的功能数据来替代，该类数据一方面可通过购买百度 POI 数据，或手动搜索该区域内大众点评各类业态数据来实现，也可以直接采用街景地图获取。一般来说，步行流量往往与小尺度半径（1500m左右）的整合度参数有良好的相关，因此可考虑使用此前对车流量分析最有效的空间参数与小尺度半径整合度结合的方式来量化评价各类功能对车流可达性和步行可达性的依赖程度差异，在设计中根据各空间的两种可达性来初步评测对相应类型功能的支持能力。如图 9 中对比了张家口火车站附近两个城市设计的路网方案，在对车流可达性支持作用接近的情况下，方案 A 对步行流量的支持更优。

五、收获与问题

当下我国的建筑和规划市场正在经历转型，而各高校的设计教学也渐渐强化了对研究型设计的重视。传统以形式训练为基础的设计课如何回应大数据时代提供的机遇，如何将教学和科研工作紧密地结合起来真正意义上实现教学相长？而研究工作又如何避免与设计需求的脱节，真正做到为了设计而研究？以空间句法为核心技术的数据化设计课

图 8　数据游骑兵实用战术之航拍图流量挖掘（图片来源：《时代建筑》2016 年第 3 期）

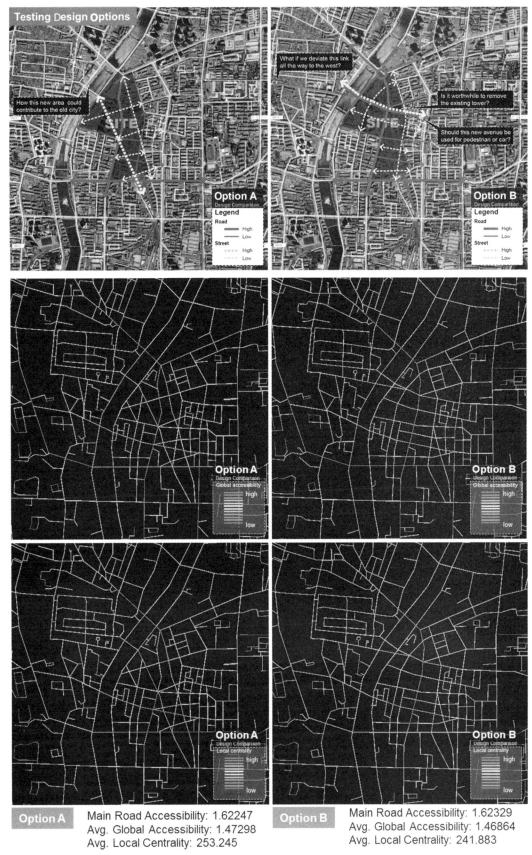

图 9 张家口火车站地区两个城市设计方案的对比与优化 （图片来源：《时代建筑》2016 年第 3 期）

程系列在这些问题上进行了一些有效的尝试。从成果来看，2~3年的基础数据收集有效地支持了笔者主持的一项和参加的一项自然科学基金工作，并发表了数篇空间句法基础实证研究论文。

从近两年的实践来看，3周嵌入本科生设计课的研究强度仍然过大，未来的改进方向是强化低年级的软件和基本研究训练。同时，研究生的参与方式也应在现有提供研究辅助和核心技术攻坚的基础上进一步拓展对设计方法的训练。让建筑学专业学位的研究生能够参与设计，并进一步探索在这些技术支持下更为有效的设计方法。

（基金项目：国家自然科学基金资助项目，项目编号：51208343）

注释：

[1] 段进，希列尔等．空间研究3：空间句法与城市规划 [M]．东南大学出版社，2007．
[2] 盛强，卞洪滨．形态、流量与空间盈利能力——数据化设计初探 [J]．中国建筑教育，2015 (12)：74—78．
[3] 盛强，杨滔，侯静轩．连续运动与超链接机制——基于重庆地面及地铁交通流量数据的大尺度范围空间句法实证分析 [J]．西部人居环境学刊，2015, 30 (04)：18—22．
[4] 盛强．"数据游骑兵"实用战术解析——空间句法在短期城市设计工作营设计教学中的应用 [J]．时代建筑，2016 (3)．

作者：盛强，北京交通大学建筑与艺术学院 副教授

基于软件核心概念的参数化设计技术教学

姜宏国

Parametric Design Technology Teaching Based on Software Concept

■摘要：本文描述了哈尔滨工业大学参数化设计技术课程设置思路、教学内容组织、教学效果的保证方法，以期与同行交流讨论。
■关键词：参数化设计　课程设置　教学内容组织　教学评价
Abstract：The Paper describes the ideas of setting up parametric design technology curriculum，teaching content and assurance methods of teaching effect in Harbin Institute of Technology，aiming at sharing with peers．

Key words：Parametric Design；Curriculum；Teaching Content；Teaching Evaluation

背景

从美国参数技术公司（PTC 公司）1988 年发布机械设计软件 Pro/ENGINEER，首次提出参数化设计软件的概念到现今，参数化设计技术已经是机械设计和建筑设计中的重要技术。近 10 年来，世界上有很多利用参数化设计技术设计的建筑建成，标志性建筑如中国的上海中心、加拿大的梦露大厦等建筑。

从 1997 年英国建筑联盟建筑学院数字实验室的教学研究探索开始到现今的参数化设计技术，一直是国内外高校教学研究的重要领域，国外院校如哈佛大学设计学院 "形式服从气候" 的设计课程，耶鲁大学 2015 秋季课程（1062a），以及南加州大学 2015 夏季课程（Arch45a）等；国内院校是清华大学最早在设计课程中使用参数化设计技术，随后其他院校陆续开展了应用参数化设计技术的设计课程教学。

我校从 2010 年开始相关软件技术的教学，同时也有设计课程在使用这些技术。经过 6 年课程教学实践，笔者对参数化软件技术的教学有些认识与体验，形成此文与大家分享。任何一门新课程开设时都有课程设置的问题，如学时多少，在哪个年级开课；需要考虑课程讲什么内容，课程内容的组织，达到什么教学目的，如何保证教学有效性等问题。对于这些问题，我将在本文中逐一说明。

1.课程设置问题

对于研究新课如何开设问题，通常的做法是找参照，看看国内外院校的开课情况。但这种做法只能对内容的选取上有些参照作用，对于其他问题无意义。如学时多少问题，国外每个学校情况都不一样，有的学校每周一次，16周，每次3小时，也有每次4小时的；也有放在夏季学期集中一周来上的。开课年级更是多样，从本科生一年级到研究生一年级都有，如南加州大学建筑学院在夏季学期给研究生一年级开课。所以我们只能根据自己学校的培养方案和教学计划等实际情况来综合考虑。

我校的参数化设计技术课程安排在二年级下学期（第4学期），考虑到与我校教学计划中专业课程的衔接问题，如安排到一年级，在课程结束后，长时间不使用会容易忘记，待用时还需要重新学习；另外，大学一年级学生专业知识少，无法针对专业进行教学。课程总学时定为24学时，每周一次课程，每次4学时。设置课程学时过多，容易把一流大学教育变成职业技能培训的境地；学时少，要想达到教学效果，就需要按课上学时与课下学习时间1：2的配比来布置作业，每周一次课程是学生能够拿出2倍课程学时的时间来学习的前提。接下来的问题就是课程内容选取与组织了。

2.课程内容的选取

能够通过写程序或直接操作进行参数化设计的软件很多，最早设计师用MAYA中MEL脚本写程序，也有人用3D MAX中的脚本，后来有RhinoScript等，到现今有的Revit下的Dynamo可视化编程工具，MicroStation下的Generative Component，更为普遍的是Rhino下的Grasshopper。在众多软件平台中，如何选取也是需要斟酌的问题。解决这个问题应该从本质出发。

参数化设计技术本质之一是能够使复杂的非线性问题瞬间多解，这恰恰是人脑无法计算出、手也无法表达出的，对设计师来说是增量部分。因此参数化设计技术软件的教学内容应该体现非线性的复杂问题，在操作上能够让设计师容易掌握，通用性强，便于数据交换。而Rhino下的Grasshopper，恰恰体现了这样的特点，所以我们选取了Rhino和其下的Grasshopper作为这几年的教学内容。但此部分的内容很多，我们如何在有限的学时内教学，就涉及具体教学内容的组织问题了。

3.教学内容的组织

软件技术教学内容的组织，通常做法是按软件命令讲解和实例应用两种方式来展开。命令讲解对于专业性强的软件来说可行，但对于通用性强的软件教学来说不适用了。如Revit可以按命令讲解展开教学，AutoCAD就不可以这么展开了，否则就会因专业性太差而导致教学效果差。按实例应用展开，适合通用性强的软件，但这种展开方式容易无法覆盖软件的主要核心内容。也有将两种方式结合来展开教学的。对Rhino和Grasshopper的教学，Rhino有783个命令，Grasshopper有685个运算器，学时短，内容多，上述方式无法达到教学目的，因此我们采用新的方式——依据Rhino和Grasshopper核心技术概念来组织教学内容。

Rhino的核心是基于NURBS的自由曲面成型技术。其有三方面核心概念：第一，用点控制任意曲线；第二，曲面生成方法；第三，重复与划分。我们的教学内容就按这三方面来组织（表1）。会控制自由曲线，就会使用Rhino，这是Rhino的本质。

Rhino的教学内容组织　　　　　　　　　　　　　　表1

序号	学时	核心概念	实现途径	关键命令	实例操作	课后作业	备注
1	4	点、线	阶数、点数	Line、Curve、Rebulid	用点控制任意曲线	153个命令使用表	提供
			变形	EditPtOn、PointsOn			
			抽取	ExtractIsocurve、CreateUVCrv			
2	4	曲面生成	直接	3DFace、EdgeSrf、PlanarSrf NetworkSrf、ExtrudeCrv Sweep1、Sweep2 RevolveRail、Revolve Loft、Patch	鼠标	小型工业品	规定
			拼合	BlendSrf、MergeSrf、MatchSrf、Booleans			
			变形	CageEdid、Bend、Shear、Twist			
3	4	划分	复制	Divide、Array	体育场高层建筑	体育场馆	
			投影切割	Projectspit、Split			
			卷帖	ApplyCrv、FlowAlongSrf、FlowAlongSrf			

Grasshopper 是基于 Rhino 的可视化编程插件程序，是集成化的脚本语言，更适合缺少编写程序知识的设计师使用。因为其开源的特性，也有多爱好者开发了更多模块，丰富了很多功能，使其除了能进行几何形生成，还有简单的结构计算和热能分析功能，并能够模拟一些力学特性等，而且其功能也在日益强大。在 food 4 Rhino 网站上给 Grasshopper 做的开发模块就有 150 多种（图 1）。

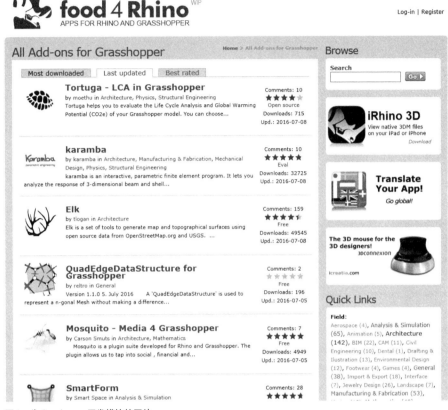

图 1　为 Grasshopper 开发模块的网站

Grasshopper 能够进行动态生成复杂的形态、遗传算法优化、结构计算和能量分析。因为课时有限，大学二年级学生专业知识有限，不具备结构与能量计算知识，所以课程内容仅限生成复杂的形态这部分内容。

Grasshopper 形态生成这部分的核心概念包含：点、线、面、数据结构和线面划分。教学围绕这 5 个核心概念展开，重点是数据结构与线面划分，特别是数据结构。如果不明白数据结构及如何变换，就不懂 Grasshopper，就不可能自如运用这个工具。课堂实例采用大空间建筑和高层建筑（表 2）。

Grasshoppe 的教学内容组织　　　　　　　　　　　　　　　　表 2

序号	学时	核心概念	实际操作的基本类型	实例操作	课后作业	备注
1	4	点线	一行点，一列点，M 行 N 列点，随机点	动态的塔	重复课堂实例	
			直线，多段线，样条曲线，多片形			
			圆形，正弦余弦线，椭圆，渐开线，螺旋线			
2	4	线面划分 重复	移动，旋转，缩放，镜像	高层建筑	重复课堂实例	
			曲线划分			
			曲面及其划分			
3	4	数据结构	线性数据操作：加减、提取、顺序、比较、分组	体育场馆	体育场馆	
			树形数据操作：变线性、提取、分组			

4. 课程教学的评价

对于课程教学的评价，不能用单一的学生作业结果来评价，至少要考虑三方面的因素——教学目的、学时和教学效果。我们设置这一课程的目的是让学生了解参数化的设计技术，告诉学生目前要掌握什么样的技术平台，要达到什么样的程度，并进行实际的运用。由于课时短，无法让学生在课程上全面熟练地掌握技术平台的操作，因此课下学习与认真做作业成为这门课程能否达到预期效果的保证。如果学生不能独立完成作业，复制他人作业，这门课程的教学效率降低为零。 所以我们的教学评价标准是：在这么短的课时内，学生能否独立完成一些实例作业。

为了保证课程教学的有效性，我们在教学中有三方面的对策：首先是作业的唯一性，我们给每人的留的作业都是唯一的，不会存在两个人的作业一样的问题，这样可杜绝同学间的作业复制问题；其次是每次作业都要写详细的过程说明，这样的说明也能让学生有清晰的思路；最后是当面考核，因为每一届学生都在 90~100 人，很难避免与往届学生和网络上的公开实例一样的情况，针对这种情况，在评判作业的时候，会对其作业中的关键问题进行实际考核（图2~图4）。

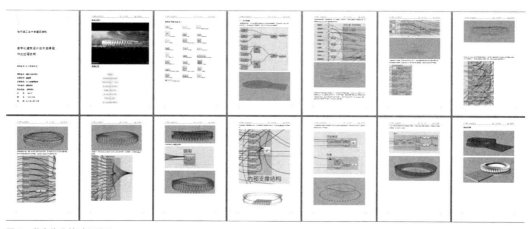

图 2 学生作业的过程说明

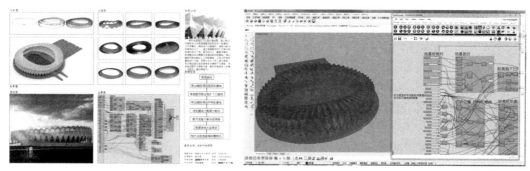

图 3 学生作业图纸　　　　　　　　　　图 4 学生作业的可执行的程序

5. 结语

对于与信息技术相关的这类课程来说，技术更新快，需要不断地更新教学内容，才能适应发展需求，因此，任课教师需要不断地跟踪新的技术，掌握新的技术。但对于这类课程的教学模式是相对不变的，不同学校根据人才培养的定位，设置相应教学目的和学时的课程；而对于短学时的课程，以相关的技术核心概念展开教学，可视为这类课程的一种教学模式。

上述是对于我们六年实践过程的描述，希望能与同行交流。

参考文献：

[1] http：//www.ptc.com/about/history.

[2] 彭武.上海中心大厦的数字化设计与施工[J].时代建筑，2012（05）：82—89.

[3] http：//architecture.yale.edu/courses/computation—analysis—fabrication—0.

[4] http：//arch.usc.edu/courses/407.

图片来源：

图1：来自 http：//www.food4rhino.com/?ufh.

图2~图4：学生作业屏幕截图

作者：姜宏国，哈尔滨工业大学建筑学院 高级工程师

基于数字化平台的跨界设计

——以DAL数字建筑实验室为例

丁晓博　胡骉

Digital Platform Based Crossover Design:The Case of DAL Digital Architectural Laboratory

■摘要：湖南大学 DAL 数字建筑实验室联合其他专业，构建了多学科交叉的数字化设计和建造平台，进行了一系列跨界设计和建造实验，以期探索一条适宜于实际技术条件的、回归设计本质的道路，为构建跨专业的教学和实践体系打下良好基础。
■关键词：DAL　学科交叉　跨界设计

Abstract：Collaborating with many other disciplines，DAL Digital Architectural Lab at Hunan University has developed an interdisciplinary digital design and fabrication platform．With an intension to building up an interdisciplinary educational and practical foundation through a series of crossover design and fabrication experiments，the lab is now exploring the design potentials in order to adapt the real technical conditions and return to design essence．

Key words：DAL；Interdisciplinarity；Crossover Design

1.跨界设计的背景

在当代社会走向多元化的大背景下，很多重大成果诞生于学科交叉地带。2015 年哈佛大学启动"设计工程"研究生专业招生，新专业融合了自然和社会两大科学领域，旨在打破技术、设计、经济、商务、社会学等学科的隔阂，培养融信息技术、美学、数学、管理思维为一体的复合型人才，是教育界对当今社会发展方向的最有力回应。我国著名科学家钱学森先生提出的"大成智慧"教育思想，本质上就是主张摒弃专业技能培养型人才的教育模式，基于多学科交叉，培养复合型的人才。

在广义设计学观念下，设计是"解决问题的智慧"[1]，现代设计师实际扮演着资源"整合者"的角色，需要以广阔的视角解决和评价设计问题。所以，建筑设计学科必然走出传统的"小世界"，在领域内与其他设计学科互相借鉴，当今由建筑师主导的环境设计、产品设计、艺术设计已经相当普遍；在领域外，建筑学与计算机、自动化、机械制造等学科交叉衍生的互动建筑风生水起，而且这种跨专业跨领域的设计潮流已经愈演愈烈。这是因为建筑学教育本身具备综合性的特征，它涵盖了工程学、美学、建造科学等，"专业特征决定了建筑师具备进行跨界设计的能力"[2]，建筑学的培养目标具有钱学森先生所倡导的集"大成智慧"的"通才"的特征，在社会对复合型人才的需求下，当代建筑学教育必将越来越开放，与其他学科交融越来越多样且深入。

同时，信息技术已经渗透到社会生活的各个层面，在设计领域重要影响之一是"数字化设计"。数字化设计本质是通过"计算机软件设定的法则或逻辑生成不可量化的多元结果，意味着形式生成的可能性将超过人类思维想象的极限，这给设计者带来巨大的创作自由和发挥空间"[3]。数字化设计应用全新"自下而上"的设计方法，不仅在设计工具层面，更在设计方法层面掀起了深刻变革。数字化设计强大的形式探索能力为不同学科的跨界设计提供了强有力的支持，有助于弥合各个专业在设计基础上的差异，借助数字化平台，不同专业的知识碰撞、渗透、融合，不断推动创新发展。

2.DAL的经验

湖南大学"DAL数字建筑实验室"的教学和研究目标之一是"基于多学科复合交叉的设计实践研究"[4]，利用湖南大学综合性高校以及建筑学院多专业的优势，逐步开展跨学科合作。DAL采用实验室和联合数字化工作营向全院各专业开放的模式，与城市规划、环艺专业展开院内交流；利用跨院招收研究生等形式，与工业设计、土木工程等学院开展跨院交流，未来计划与更多专业合作。DAL充分借助校外资源，把知名事务所主创"请进来"给学生带来最新的"头脑风暴"；"走出去"参加展览、竞赛，扩大与其他院校和设计机构的交流，将学业有成的老学员"请回来"担

任助教，以老带新，把教学、研究与学生个人发展相结合，形成"教"与"学"的良性互动。

除了关注数字化设计的方法应用，DAL更关注与之对应的"数字化建造"，始终强调学生经历从设计到建造的完整过程，在过程中综合地解决材料、构造、节点、工具、经济、安装方法等一系列问题，使学生获得各个方面的真实体验，理解数字化设计与建造的逻辑关系。在高校教学经费有限的情况下，在设计阶段选择适宜现有技术条件结构原型，利用数字化设计精确输出的优势，解决连接点等易于产生误差的定位问题；以常规材料为主，合理配比新型材料；开发使用其他领域常用材料等。

另外，设计是一个复杂的过程，设计方法融合也是跨界设计的重要体现。DAL鼓励学生尝试多种设计方法，并以此激发出新的灵感，既坚持数字化"自下而上"的设计方法，也不排斥从整体出发的"自上而下"的"概念"。

3.设计实例解读

通过持续举办联合数字建造工作营，DAL积累了比较丰富的数字化设计和建造经验，逐步尝试将设计实践延伸至其他领域，设计制作出一系列跨界作品。

3.1 "数智营造"——2015年湖南（国际）艺术博览会雕塑设计（2015年12月）

雕塑位于艺博会序厅，除了要"点题"，还需兼顾场地因素，对参观人流起到引导作用。设计以壳体为结构原型出发，利用Stress pression analysis进行形体受力计算和优化，基于对场地流线、视线分析，在Rhino和Grasshopper平台上进行找形和优化，最后得出由141个相似四边形组成的自支撑半围合形体（图1），根据结构受力和参观位置的变化，四边形的尺度和开口也做相应

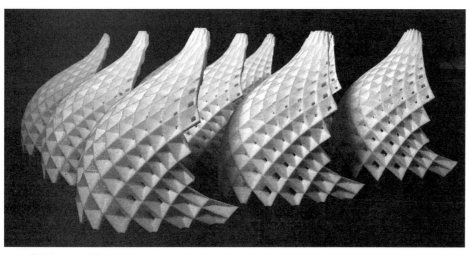

图1 艺博会雕塑设计模型

变化，与参观者形成互动。制作材料选用 3mm 厚双镜面不锈钢板，所有的加工数据都在 GH 中自动生成，将数字文件传给工厂制作完成单元体后，在现场拼装成整体（图 2）。

3.2 系列灯具设计（2016 年 5 月）

数字技术在生成非线性形态上有巨大优势，非常适宜于灯具的设计。在 2015 年 7 月《交换空间》节目里，DAL 尝试制作了室内顶灯，但由于时间和空间的限制，主要形式表现为二维空间上的基本元素集聚和分化。在后续的工作中，DAL 继续设计制作了一系列灯具作品。

3.2.1 3D 打印灯具

DAL 受邀为某商业空间设计室内灯具，设计以球体曲面为基础，采用递归函数经典算法，通过设计参数调整和算法叠加，生成一系列不同肌理的非对称的曲面形态灯罩，采用 3D 打印制作（图 3）。根据需求，灯具可以单独或成组布置，还可采取高低错落集中布置的方式起到重点空间装饰作用。由于灯具有相似生成的逻辑，给布局带来较高的自由度和可变性，并且在此基础上继续设计了台灯、落地灯等形式的灯具（图 4）。

3.2.2 毛毡灯具

在 3D 打印硬质灯具基础上，DAL 着手进行软质灯具设计实验，基本要求是不使用支撑龙骨，这就需要材料具备一定强度和透光性。由于尼龙等 3D 打印材料成本过高，并不适用于经费有限的高校实验室，最终选用了硬毛毡。设计实验以刺猬为原型，在 Rhino 和 Tsplines 里做基本建模布线处理后，在 GH 平台上使用数列和干扰计算出刺的长度。实际制作中为了平衡材料使用率和分割单元数量的关系，经过模拟和实验，将整体划分为 15 块使用激光切割机加工的毛毡片，再粘结为整体（图 5）。灯具的实验性研究还在继续，计划尝试采用其他材料，如瓦楞纸、人造皮革等。

3.3 空间装置设计（2016 年 6 月）

DAL 接受委托为建筑面积近 20000m²，业务以珠宝零售为主的长沙华远汇成设计中庭空间装置。场地的栏板和吊顶以渐变的三角形图案满天星为造型元素，整体环境明亮、简洁、设计感较强。设计首先考虑到与整体环境的协调关系，并以宝石的特征——多面性、通透性、光学折射特性——作为设计概念，最终采用极小曲面算法生成直径 1.6m 的圆形装置。由于极小曲面趣味性强，变化柔和、丰富，内部空间错综复杂，利用灯光照明产生类似珠宝的视觉效果，不同方向视线观感达到一致，该方案得到业主高度认可。最初每个装置由 236 块相同面板组成，为降低组装的工作量和提高组装精度，经过多次实体模型实验，最后优化为 15 块面板（图 6、图 7），大幅降低了组装工作量。在选择材料过程中，最初考虑亚克力和耐力板两种材料，由于亚克力板韧性较弱，优化后的单个

图 2　艺博会"数智营造"主题雕塑实景

图 3　3D 打印吊灯

图 4　3D 打印台灯

图 5　毛毡刺猬灯　　　　　　　　　　　　　　图 6　实验模型　　　　　　　　　　　　　　图 7　耐力板模型

构件弯折度大，最后使用了韧性较高的耐力板，当时预计在 2016 年 10 月全部制作安装完成。

4. 结语

DAL 并非追求程序和算法的复杂性，"夸张的形式及空间也从来不是 DAL 追求的直接产物"[5]，DAL 追求的是对整个设计过程的思考，以及在实践过程中对诸多影响因素的不断协调和优化，以期探索适宜于实际技术条件的、回归设计本质的道路，为构建跨专业的教学和实践体系打下良好的基础。

（基金项目：湖南省学位与研究生教育教学改革研究项目"基于数字建造技术及理论的建筑学研究生创新能力培养研究与实践"，项目编号：521298486）

注释：

[1] 董雅，赵伟 . 以敞开的视界设计——论广义设计学的必要性与实在性 [J]. 天津大学学报（社会科学版），2011 (02)：129-132.
[2] 于雷 . 一个全新的三维世界——数字手工艺 VS 传统手工艺 [J]. 中国美术，2016 (03)：41-44.
[3] 徐炯 . 美术院校中的参数化设计与建造教学实录——以南京艺术学院为例 [J]. 世界建筑，2013 (09)：120-123, 138.
[4] 胡骉，杜宇 . DAL 数字建筑实验室未来发展的四个关键词 [J]. 城市建筑，2012 (10)：71-73.
[5] http：//www.abbs.com.cn/bbs/post/view?bid=1&id=338514664.

参考文献：

[1] 王振飞，王鹿鸣 . 参数化设计的本土化低技策略 [J]. 城市环境设计，2011 (04)：211-214.
[2] 龚晨波，胡骉 . 建筑视野下的跨界设计模式 [J]. 新建筑，2015 (03)：130-133.

图片来源：

文中图片均由胡骉摄影

作者：丁晓博，大连理工大学建筑与艺术学院 讲师，博士研究生；胡骉，湖南大学建筑学院 副教授，DAL数字建筑实验室主任

建筑历史硕士研究生电子古籍文献阅读训练

王飒

A Study on the Training of the Master Graduate Student of Architectural History to Reading Electronic Ancient Documents

■摘要：本文描述了建筑历史与理论硕士研究生的普遍特点，从识读便捷的角度对电子古籍资源进行了分类，分析了电子资源的易用性与古籍文献的价值之间的矛盾，尝试性提出六条教学训练原则：先现代著述后古籍文献；先析出文字后原版查对；先实地访问后古籍参证；先方志政书后正史档案；先细察图像后阅读文字；先引用原文后转述文意。

■关键词：电子资源 古籍文献 硕士研究生 训练

Abstract：This article describe the widespread characteristics of the master graduate student of architectural history and theory, classify the electronic ancient documents according to the readability of different resource, and analyze the contradiction between the usability of the electronic resource and the value of the ancient documents. The author preliminarily puts forward six rules of training as that：reading the ancient documents after the contemporary literatures, checking the original texts after picking them up, referencing the ancient documents after on—site visit, reading the official history and archive after the local chronicles and Encyclopedia dealing with Government, reading the texts after analyzing the images, paraphrasing after referring to the original ancient texts.

Key words：Electronic Resources；Ancient Documents；Master Graduate Student；Training

　　研究建筑和城市的历史，能否获得第一手资料，是研究能否开展的前提，如何有效地利用所获得的资料是决定研究成效的关键。参与田野调查和爬梳古代文献是获得一手资料的重要途径，对于学习建筑历史与理论的学生来说，田野调查虽然艰苦，但是乐趣颇多，多数愿意投入，而查找翻阅古籍文献虽然身体轻松，但是繁杂枯燥，多有畏难情绪，即便开始查阅，也长时间裹步不前，难有成果。历史文献网络化、电子化在给研究者提供便利的同时，良莠不齐的电子版本，也给研究者带来更多的拣选甄别的困扰。初入研究之门的学生是陷入困扰，还是能够拨云见日，如何引导研究生进入并获取古籍中的信息，是至关重要的。

一、学生的特点分析

学习建筑历史与理论的研究生，多数经过本科建筑学的专业训练，他们对于图形的情感和专业的灵敏往往要超出文字许多，他们的研究意愿与潜能或有差异，但仍有较为一致的倾向。

1．基础

没有哪所院校的建筑学本科专业是不学习建筑史的，但是也没有哪所院校的建筑本科教学计划将建筑历史研究列为培养计划。四、五年的专业训练，培养的是从事建筑设计的专业人才。进入历史与理论学习时，对于研究工作而言，可以说大部分学生的基础几乎为零。本科历史课程和升学考试的学习过程，给予他们更多只是建筑历史的知识，而非从事历史研究的能力。

2．意愿

入学后，学生一时难以转变学习状态，不能很快适应研究生阶段学习和工作需要；同时，在学习过程中，学生投入学位论文的学习和工作精力有限。这虽然是较为普遍的现象，但是对于在零基础上进行建筑历史与理论研究来说，无疑是雪上加霜。研习时间不能保障的原因很多，其中兴趣不在此，以及畏难情绪重是两个重要方面。学习建筑历史与理论的生源少，首志愿录取的生源就更少。该现实有如此深厚的社会基础，与建筑设计师看待建筑史研究者的态度是完全一致的。

3．潜能

兴趣在于培养，状态在于调整，成效在于要求。当学生逐步进入研究之中，建筑和城市历史所具有的丰富内涵会展现在学生的眼前，历史自身的魅力会扎根在学生心中。收敛身心后的学生，哪怕专心向学的时间仅有半年或几个月，也是可以做出适合研究生考核需求的工作成效来的。

4．出路

从整体上看，攻读建筑历史与理论的硕士研究生，将来从事建筑历史研究工作的比例是很小的。即便有学生继续进入建筑历史方面的博士阶段学习，博士毕业后，也不能尽然从事建筑历史研究工作。大多数人还选择回归建筑设计。

总体上看，步入建筑历史与理论方向学习的学生，多数是没有任何准备的，是没有从事研究工作打算的初学者。

二、电子古籍资源的类型和使用特点

电子资源的分类方式很多，本文从识读和使用的便捷程度上对古代文献进行分类。

1．检索版与影像版

检索版的文献能够根据检索词直接搜寻到需要查找的内容，而影像版的文献需要逐页翻阅。在有明确的阅读目标情况下，检索版的文献可以帮助高效地锁定某一研究所需要的具体段落，这是便利的一面，尤其对于人物、地点、专有名词等有关研究更是"如虎添翼"。但是，对于相当多的研究课题来说，检索词不能简单地等同于研究题目，如何选取检索词又完全依靠研究者对课题的把握程度，检索词选取不当、选取不够都极容易造成遗漏相关文献的情况。影像版不能支持查找，但是多数古籍原本都是以影像版电子化的，在研究需要时是不可回避的。

2．有电子目录与无电子目录

不论是检索版还是影像版，在配有电子目录的时候，都是很方便进行通篇浏览的，尤其是配有多级目录的，可以通过目录由大到小地聚焦到研究需要的内容。而有些资源虽然配有电子目录，但目录内容仅说明卷号，没有加入具体标题内容，此种资源使用起来略显烦琐，但对于影像版的古籍来说，已是提高效率了，况且阅读研究不是一蹴而就的，记住卷目，再次访问资源时就方便很多。

3．可识别版与不可识别版

检索版通常情况下可以直接复制内容，当影像版中具有识别功能时，也能支持复制功能，会提高工作效率：不仅仅在于节省自己打字的时间，更在于方便进行摘录，做成研究需要的电子笔记，而使用电子笔记比对文献，爬梳脉络，整理思路，对于促进研究进展来说，更有成效。不可识别版并不是在技术上不能被识别，而是还没有可供个人研究者使用的识别工具，竖排右书的影像版传统古籍均是如此。

4．句读版与无句读版

传统文献的断句，是一门很专业的学问。面对大量无句读的文献，的确会让研究者感到恐慌。因此句读版不但能帮助弥补古文能力的不足，提高阅读效率，更可以缓减阅读者的畏难情绪。可检索版资料中也有无句读的，影像版中也可见带圈点的。

5．简体版与繁体版

阅读繁体字和体简字之间差别并不是很大，多数情况下可以通晓文意。简体版是经过今人校勘，按照横排左书的当代印刷习惯重新排印的，阅读方便。可检索版的繁体版有保持传统竖排右书的，也有改为横排左书的，而繁体影像版均保持竖排右书，对于习读简体字长大的学习者来说，需要一定的时间习惯和适应。同时，繁体古籍中常出现的异体字，会给阅读带来困难。但要阅读古籍资料，则必须面对竖排右书繁体版，这是绕不开的。

6．刻本与写本

繁体版中又分为两种：刻印本和手写本。刻印本字形与当代印刷字形无差别，而手写本之间差异很大，有楷书、有行书，工整程度不一，字体大小也不均匀。不够工整的手写本，阅读难度大。记录性的档案文件、部分家谱方志，只有手写本流传。

三、电子资源的易用性与古籍文献的价值

对于初学者来说，在没有切实进入研究领域之前，对古籍文献与自身研究之间的关系是没有任何认识的。首先感受到的是如何获取，以及获取到什么类别的电子资源。电子资源获取与使用的便捷性，不但影响其将来的研究质量和效率，更会影响其投入历史研究的热情。

1. 获取途径

电子古籍资源的获得有多种途径，大致包括：公共图书馆的免费资源（A）、付费的大型文献的数据库和专题文献数据库（B）、科研机构建立的内部数据库（C）、科研文献门户类数据库下的零散的古籍收录（D）、文史爱好者的网站和论坛（E）、个人学者网络共享资源（F）。从资源的可靠性来看，前三类获取途径（A、B、C）的电子资源能保证古籍文献的准确和完整；而第四类获取途径（D）能保证古籍内容的准确，但是对于版本信息的说明或有不够具体的地方；而后两类获取途径（E、F）质量良莠不齐。

从初学者的角度出发，方便查找到具体内容的资料，方便直接利用的资料，都是容易使用的，因此是否有句读，是否能够检索，反映了资料在阅读和利用上的特点。分别以是否句读和能否检索为经纬，可以将不同类别的电子古籍资源进行详细的分类，再进一步将以上六种不同获取渠道和电子资源的类型相关联，或可发现其中一些特点（表1）。

电子资源类型和文献类型的关系　　　　　　　　　　　　　　　　　　表1

	检索版		影像版				
			可识别（横排）		不可识别（竖排）		
	简体	繁体	简体	繁体	繁体刻本	繁体写本	
有句读	B、C E、F （数据库电子书）	B、C E、F （数据库电子书）	D （现代排印本）	D （现代排印本）	—	—	有电子目录
							无电子目录
无句读	—	B、C E、F （数据库电子书）	—	—	A、C （原本、影印本）	A、C （原本、影印本）	有电子目录
							无电子目录

注：电子资源渠道丰富，本表仅能说明一种趋势。

2. 资源的易用性与文献的价值

从表1可以看出，不同类型电子资源的获取渠道，有一定规律：原本与影印本多从公共图书馆的网络平台获得，现代排印本收录在文献数据门户网站；而在方便使用的检索版资源中，汇集着付费的高端专业渠道和网络自发形成的免费渠道。从实际情况看，建筑学专业多设置在工科类高校中，此类高校是鲜有购买高质量的专业古籍数据库和科研文献门户类数据库中的文史类别的。公共图书馆对原本和影印本的收藏标准规范，但均是不可识别的影像版，阅读体验不好。因此多数建筑历史与理论的初学者会从不同的网络平台，获取免费的电子资源。在此种情况下，尤其在初学者尚未建立学术规范意识的情况下，古籍引用不正确、不规范的情况，很难避免。

从研究的角度看，史料的价值视其与研究的相关性而定，有难得的孤本文献，并非是做出好研究的唯一前提，利用公开的资源也未尝不能获得良好的研究效果。而在网络电子资源条件下，整体上来说获取史料的限制条件越来越少，研究者在网络平台下具有较均等的史料获取机会，从事研究的限制更多地在于研究者对资源的把握能力上。对于零基础的初学者来说，研究的限制则更多地在于电子资源的易用性。易获取的、易识读的易用性高的资源会受到初学者的追逐，相反易用性低的资源容易被忽略。而正因为易用性不好，影像版的方志档案等古籍文献中有待挖掘的研究资源会更多，文献的价值也会更高。

四、训练的过程与原则

基于如上学生的状态和当下电子古籍资源的状况，如何在研究质量和工作效率之间找到适合的平衡，或许才是面对实际的问题的教学之道。无论如何，循序渐进仍旧是事半功倍的不二法门，引导学生开始阅读古籍的时候，提醒学生参阅不同类别古籍的顺序，点拨阅读和写作的方法，恰当的先后次序的安排，可以有效地缓减学生面对古籍的畏难情绪，提升利用古籍的效率和质量。

1. 现代著述在先，古籍文献在后

阅读古籍的困难之处，除了资源本身的种类之外，阅读者对古籍所记内容没有任何背景知识，也将造成阅读和信息获取的极大障碍。因此，阅读古籍之前的背景知识了解很重要。背景知识分为两类：其一是

与研究者研究选题相关的已有成果；其二是对古籍体例内容做概要介绍的文字。而这两类信息的获取，当首先阅读现代的文献。相关研究成果的阅读，即是文献综述的工作，可以不必等文献综述完成再翻阅古籍，但是对于研究工作含量定位不高的选题来说，可以在文献综述完成之后再进入古籍阅读。对古籍体例和内容的了解，可以从今人的说明介绍文字中获知信息，可以暂时不辨别信息是否确实，只要能够丰富对古籍的认识就好。对所研究的对象有了较多的认知之后，阅读古籍文献的困难感受会降低。

2. 析出文字在先，原版查对在后

对于建筑和城市历史来说，一部古籍记述的内容中，可能仅有一部分，甚至一个段落、一个句子，对于研究是有用的。而在建筑和城市历史的某一研究领域中，在广泛的史学研究中，前辈学者定有已经引述古籍文字的研究成果，在文献综述的工作中，应特别注意相关研究中引述古籍的情况。首先，要特别重点阅读引用古文和所论述内容之间的关系，理解古文原文的文意，了解古文的出处和作者注释的方式（应注意比较注释方式的优劣），然后将所引用的古籍内容和出处单独提取整理出来。接下来要通过古籍题名或引文的具体内容，在可用的各种电子资源中查找，以发现引文在古籍中原本的位置，要在不同类型的电子资源中分别查找。这是查对原文的训练，但是训练的意义不仅在于核准，而更在于熟悉和学习。其一，熟悉各种电子古籍资源，了解不同资源的阅读感受，方便自主查找时充分利用；其二，引文多是简体横排的，并带有句读的，对照繁体竖排无句读的原文参照阅读，对于训练识读繁体字，培养古汉语语感是有帮助的，尤其在查找比对成段引文的时候。

3. 实地访问在先，古籍参证在后

理想的研究过程要求正式确定研究选题之前，到研究对象所在地进行实地访问考察，这样才能建立起对研究对象真实情况的把握，才不致使选题偏颇而难以继续。但是在多数情况下，由于外在原因不能成行，或先期工作已经由他人完成。如果不能做到切身的实地访问，那么也要通过网络资源，通过开放的地理信息平台，进行虚拟访问。此后在阅读古籍文献时，需要时时联系研究对象的状态，将描述与实际情况联系在一起，才会让枯燥的文字符号形态，变成研究者头脑中具体所指。

4. 方志政书在先，正史档案在后

不同的研究选题需要的古籍文献类别差异较大，在未进行研究之前，不能简单论断某类古籍的作用。但仅就不同古籍的体例和内容而言，初学者的阅读体验确有难易之分。方志的目录分类系统明确，即便没有检索版，没有电子目录，按照其自身层次清晰的编目，就能够方便地查找到所需要的内容。会典、会要、十通类政书记录典章制度、史地民风，分类目录清晰，便于找到研究所需要的专门典章。正史、实录类文献编年记事，传记记人，部头庞大，卷目往往不附带具体内容，锁定研究所需文字并不便利。档案内容烦琐细致，相互之间缺少联系，编目难分层级，手写本多，现代排印本少，检索阅读实属不便。

方志记物、记人、记事、录文，近似地方事务之百科全书，政书分门别类，汇集同类文献，近似工具书；方志和政书不论所载繁简，都直达事物本身，与其他文献相较算是易读易懂，是学生介入古籍的首选。通过方志和政书的体例格式，学生能够建立起认知古代文化的粗略框架。正史、实录记人记事，不设专门篇章记录事物，但是对于某一研究领域，常常会有各种类型的选编本出现，比如按照地区的选编本，按照社会类别的选编本，从适合的选编本中获取信息搜罗史料，甚至比利用检索版获取的结果更加完整。档案记录如遇图档，或为至宝，文书之类几近账目，没有特别需要，实难就读，但是若想具体而微地考察社会细节，则其价值凸显。此外，在种类繁多的古籍中，历史人物的笔记，或纪行，或论史，或议事，或谈文，尽管其涉及内容庞杂，个人色彩鲜明，对于建筑背景的研究者来说，在不了解其背景的情况下，阅读效率不高；但是笔记篇幅不长，如遇到合适之人与合适之文，或有善用。

5. 图像细察在先，文字阅读在后

"古之学者为学有要，置图于左，置书于右，索象于图，索理于书"[1]，而对于今日的空间和形态研究来说，图像文献是份宝藏，不但可以索像于图，甚至可以索理于图。画像砖石、立轴手卷、版画插图的不同类型的历史图像资料，足以供给有些专题研究的开展。在建筑与城市历史的研究中，有关地域性和地方性的信息，还是更多地保留在舆图和图志之中，尤其是明清方志中的图志，是最大量、最容易获取的古代图像资料。方志正是左图右史，图史相参的完整历史记录。在方志中，全图、总图近似图形版的目录，衙署寺庙之图近似具体条目，图像与文字在体例上一致，在细节之上往往能互补不足。读图是建筑学学人的本领和习惯，从读图开始进入方志也符合认知的基本规律。读图的过程要细致，如图名、四至、山水、城池、景胜等；读图后读文，读文的过程中再比照回看图。这样的自悟与自学过程，近于幼儿学习的状态，然而，选一份有电子目录的影像版方志，如此翻阅却是快速进入古籍阅读的有效方法。

6. 引用原文在先，转述文意在后

古人的记述文字，终要变为研究素材，才不费读古书的辛苦。直接引用原文，用古人的语言

表述，更能如实地反映历史状况。研究论文中，在引用原文之后，是否要再以当代语言转述引文文意，要根据论文写作的具体情况而定。不过在训练中很有必要强调，在引用原文之后，需要再以学生自己的语言转述原文文意。引用的原则是引文要与研究主题相关，但是不细查古籍文意，在一篇有关的文献中，很可能引入了不相关的文字，造成误引、多引甚至乱引的情况。引文后再转述文意，既是检验古籍原文是否读通读懂了的方法，也是校核引用内容是否恰当的方法，由此可以养成严谨的治学习惯。

五、小结

引导学生进入古籍阅读，应当遵循先易后难的过程，而难易之判别，不能仅从文献的角度出发，更应当从学生进入研究的整体感受和状态的角度出发来进行判断。与其说先易后难，不如说先感性积累，再理性掌握。在了解研究背景、确立研究题目、检索古籍文件、阅读古籍文献、写作引用等循序渐进的每个环节，都引导学生从感性经验的积累开始。在"了解"之后，学生的领悟和思考的能力会自然发生作用的。

中国古代文献浩如烟海，分类本身就是一件复杂难解的事情。如何有针对性地培养学生获取、阅读、利用古籍文献的能力，从而实现规范化的研究过程，至关重要。坦诚地说，建筑学人从事建筑与城市历史研究的人员中，经过系统的史学研究训练的为数不多。面对中华文化的文献宝库，经验传授只是入门需要，师生共同努力，教学相长，才能更好地发掘这座宝藏。

（基金项目：国家自然科学基金面上项目"明代辽东都司与建州女真聚落互动演进研究"，项目编号：51378317；辽宁省自然科学基金面上项目"基于 GIS 通过成本分析的明辽东镇军事聚落空间分布机制研究"，项目编号：201502849）

注释：

[1] 语出自宋郑樵《通志·图谱略》，转引自：葛兆光著.中国思想史 导论 思想史的写法 [M].上海：复旦大学出版社，2013：115.

参考文献：

[1] 葛兆光著.中国思想史 导论 思想史的写法 [M].上海：复旦大学出版社.2013.
[2] 荣新江著.学术训练与学术规范：中国古代史研究入门 [M].北京：北京大学出版社，2011.
[3] 严耕望著.治史三书 [M].上海：上海人民出版社，2011.
[4] 张家潘，黄宝权主编.中国历史文献学 [M].桂林：广西师范大学出版社.1989.

作者：王飒，沈阳建筑大学建筑与规划学院 副教授

进化、和谐还是终结

——试论西方建筑艺术史中观念与风格的轮回

王一骏　何兵

Evolution,Harmony or End:The Reincarnation of Concept and Style in Western Architectural History

■摘要：建筑艺术与其他艺术门类一样存在其内在的逻辑和社会历史背景，也就是传统的进化或演变的艺术史观。建筑艺术史似乎还存在着另一条历史主线，那就是尊崇古希腊罗马的古典主义精神以及对它的反叛，反叛还会引起古典风格的复兴。不同形式的风格复兴成为其主要发展逻辑，它们之间的相互轮回是建筑艺术史的核心思想。认识并理解建筑艺术史中的这种轮回史观，有利于建筑艺术史的学习，更有助于理解可能的未来。

■关键词：建筑艺术史　艺术史观　古典主义　复兴　轮回

Abstract：Architectural art and other forms of art has its inner logic and the social and historical background, which is the traditional idea of evolution of art history.There seems to be another thread in architecture art history, which is the spirit of classicism in respect of ancient Greek and Roman classical ideology and the rebellion against it, rebellion itself then causes the revival of classical style. Different forms of style renaissance become a developing logic trend, this cycle of style is the core of the construction of western architecture history. Knowledge and understanding of this cycle helps to understand the whole art history and the possible future.

Key words：Architectural History；Eistesgeschichte；Classicism；Revival；Reincarnation

　　艺术史观决定了我们如何看待艺术的过去、当下和将来。按照传统的艺术科学定义，艺术史背后有着决定它发展逻辑的社会和历史演进规律，超越社会、政治和经济的历史，表现出艺术自身的发展形式。同时必须强调的是，艺术史又不能等同于社会发展史或是政治经济史[1]。前人给我们总结的艺术史观经验不是特别复杂。艺术史学科鼻祖是16世纪的意大利艺术史学家乔治奥·瓦萨里。他的艺术史观体现在其著作《意大利艺苑名人传》中。他的理念被称为生物学模式，即艺术像生物一样会经历从童年到青年再到成熟并最后死亡的这样一个过程。艺术被描写成了一部进化史。继承他的这种艺术史观的是温克尔曼和他的艺术史著作《古代艺术史》，他以五个阶段的模式描述古希腊艺术，从开场到闭幕如同戏剧一般。他还区分了"远古风格""崇高风格""典雅风格"和"模仿的风格"这四种希腊风格的形式，其中"模仿的风格"是古希腊衰落的开始。温克尔曼还认为任何民族的艺术都会经历初始、成熟和衰落三个时期。总而言之，这两位大师的艺术史观本质是相同的，都遵循着一个生物学的生长周期论。不同的是他们对艺术发展的最后阶段"艺术衰亡论"的论述上，瓦萨里并没有深究艺术如何走向衰亡，只是模糊地声称一个艺术时期的衰亡是下一个时期艺术的兴起，如此循环往复。相比之下，温克尔曼认为希腊艺术的"典雅风格"是其盛期，而其后"模仿的风格"则走向了过于"仔细地修饰"，从而发生了退化进而衰落。这样就会有一个重要的问题没有得到解答，他们口中的衰亡都只是一个短暂的时期。在瓦萨里那里是意大利文艺复兴时期，而温克尔曼则论述的是古希腊时期。那我们应该如何看待整个艺术史的长河呢？艺术仅仅是生老病死，然后再出现另一个躯壳重复吗？艺术最终将何去何从？

哲学家黑格尔以进化论为模型对一些问题进行了更深入的思考。在他眼中艺术的发展只是一个理念（绝对精神）的不同表现形式，包括象征型艺术、古典型艺术和浪漫型艺术这三种形式。最终的理念就是真正的美，不同的阶段一步步进化并最终超越达到理念的终点，走向衰亡，让位于宗教和哲学。浪漫型艺术就是艺术本身的解体，"艺术终结论"出现了。20世纪之后，美国哲学家阿瑟·丹托在后现代主义盛行的环境中声称现代主义艺术已经消失了，艺术已经变成了哲学思考，艺术史和它代表的传统叙事逻辑已经终结了。当然也有人为终结论辩护，徐子方指出明眼人都能看出终结的不是艺术本身，而是艺术的存在方式，或者说是"艺术与人之间的本质关系将要发生根本改变"[2]。

黑格尔的思考是第一次从人类艺术的高度看待艺术史，而不仅仅局限于美术史的范畴。总体来讲他的艺术史观具有较强的体系性和逻辑性，西方艺术史观念发展至此已逐渐成熟起来[3]。我们无法确定回答"艺术终结与否"这样的哲学问题，本文的目的在于探讨建筑艺术史在艺术可能的终结之前发生了什么。现代建筑出现前的建筑艺术仅仅是线性的演变或是进化吗？代迅认为从19世纪以来，不管是西方还是东方，进化论一直都有很强的说服力[4]。但是不可否认的是现实中的艺术家却非常惧怕"进化"一词，文人墨客总是忍不住发出各种世风日下的感慨和对先辈艺术成就的向往，艺术家的

怀古风一直是确定存在的[5]。存在即合理，西方艺术史的发展必然是有规律性的，并且这种规律是内在的单一的"内向观"[3]。

本文的目的即在于尝试用东方传统文化的轮回观念来审视西方艺术史，抛砖引玉式地尝试提供一种新的西方艺术史观，也许，至少是在建筑艺术史中，存在另一种"轮回"史观。以西方文明与艺术的起源——古典主义为纲，系统整合性地视察整个建筑艺术史。

1.古典主义的象征

西方文明以希腊罗马文化为起源，希腊开创了文明，之后的罗马帝国继承并发展了希腊文化，形成了希腊罗马化的古典文明。西方社会对其历史的敬畏是一种意识形态，视其为政治和观念上的正统。罗马帝国崩溃后，德意志民族的神圣罗马帝国继承其正统地位。之后拿破仑的法兰西帝国将其打败并废除，拿破仑自己从教皇手中夺过皇冠带上。普鲁士又在普法战争中通过压迫解体了法兰西第二帝国，普王威廉一世统一了德国，在法国凡尔赛宫加冕为皇帝，再建帝国，史称德意志第二帝国。甚至到了20世纪，希特勒的纳粹德国官方名称仍称自己为第三帝国，意为延续了罗马帝国的所谓"正统性"，以此来为自己的政治倾向做辩护。罗马帝国的"正统"就这样被争霸的欧洲大国夺来夺取。而西方历史中实力派的政治家、军事家都喜欢被称赞为"凯撒"（罗马皇帝）。

艺术史中，希腊和罗马也被尊为正统。瓦萨里提出过典范论，认为古希腊艺术是人类艺术的最高典范，温克尔曼更是认为希腊艺术是一种"高贵的单纯和静穆的伟大"，是和谐的美，黑格尔的观念也与上两位一致。这种观念早已成为西方美学传统和一种审美倾向。在西方建筑史上，各种历史风格轮流主导着建筑艺术设计的发展直至现代社会的兴起和现代建筑的出现。从文艺复兴直到二战的漫长岁月中，狭义的古典主义建筑风格（Classical Style）一直占有一席之地，时不时地以不同面貌成为主流。广义上来说，希腊罗马建筑、中世纪的罗马风和20世纪的一系列新的古典主义建筑（New Classical Architecture）都属于古典主义，尽管不同的古典主义建筑之间存在很大的差异，但可以确定的是它们有着共同的建筑语言和结构元素[6, 7]。

西方社会发展中只要有政治与经济的需要，比如民族主义的兴起或资本主义垄断政治的出现，尊崇正统与形式的古典主义和古典主义精神就会成为显学。表现在建筑艺术上，古典象征和寓意着简约、纯洁、高雅、庄严和秩序感；而反古典的风格则被批判为装饰繁复奢侈的、庸俗的和堕落的。所以，以复兴古希腊罗马文化为己任的文

艺复兴者称哥特风格为哥特 (Gothic)，意为野蛮的；新古典主义者则称巴洛克风格为巴洛克 (Baroque)，意为变形的、堕落的。历史上，一段时期内古典主义的衰落意味着一种新的风格的崛起，风格与风格之间就这样沿着这一条从对古典的尊崇到古典风格的衰落再到它的再次复兴的顺序交替着，表现为对古典风格（泛希腊罗马风格）的反复追捧与冷落。所以西方建筑艺术史的发展，不仅仅是对不同风格的诠释，而是在观念与思想上的一种对希腊罗马文化兴衰，尤其是对罗马帝国的强盛和衰落这种更迭的一种"复演"（复演说由心理学家霍尔提出，是把个体心理的发展看作是一系列或多或少复演种系进化历史的理论，这种思想也广泛地影响了其他社会科学）。具体的风格从"希腊罗马风格—拜占庭风格—罗曼风格—哥特—文艺复兴—巴洛克与洛可可—新古典主义—各种复兴风格（主要为哥特复兴）—新兴民族主义的古典复兴"，经历了五次大的交替轮回。

2. 古典主义的陷落、传承与变异

在罗马帝国陷于蛮族入侵之后，欧洲大陆的艺术发展变得相对缓慢，西罗马帝国的解体导致罗马帝国的建筑在西欧大部失去了生长的土壤。东方的拜占庭帝国，即东罗马帝国，继承了罗马帝国艺术的一些特点，一些古老的建筑方式和技术得以保留，但是很快发展出了崭新和独特的拜占庭 (Byzantinism) 艺术 [8]。第一次对古典主义进行了颠覆性的发展：古典风格发展的连续性被打断，早期的拜占庭建筑参考罗马风格但复杂化了平面结构，由于政治原因，东方的帝国在平面布局上使用了希腊十字而不是罗马的巴西利卡；更明显的是古典形制与古典柱式 (Classical Order) 的衰落，古典柱式的使用越来越随意化，另外马赛克装饰取代了雕刻装饰，巨大的柱子支撑起更大的穹顶。并且作为早期基督教流行的地区，一神教教堂逐渐取代了罗马帝国多神教的神庙，宗教建筑在开始时虽继承使用了罗马的巴西利卡，但很快被更富有宗教崇高感觉的新建筑取代 [9]。最终代表性的就是圣索菲亚大教堂，已经跟罗马神庙有了天壤之别，古典风格的庄严与秩序感消失了，彻底走向了反面，模糊又神秘 [10]。

而此时的欧洲大陆，帝国的影响有所延续，最初试图拯救失落古典文明的是查理曼大帝和他开启的加洛林文艺复兴 (Carolingian Renaissance，8 世纪末至 9 世纪)，不同形式的古典主义建筑在这时出现 [11]，被称为前罗马风时期 (Pre-Romanesque)。查理曼在公元 800 年被加冕为"罗马人的皇帝"，尽管他的政权已经跟古罗马帝国没有任何关系了，这仍被认作是罗马帝国的复兴，即获得了教廷认可的"神圣罗马帝国"正统 [10]。之后奥托大帝（德意志国王，936~973 年在位，神圣罗马帝国皇帝，962 年加冕）时期的奥托文艺复兴 (Ottonian Renaissance) 也有所继承，这些时代的人们继续使用一些古罗马的建筑方法和风格建造大型的石头建筑，比如修道院、教堂和宫殿，这些被保存的古典风格渐渐趋于稳定，最终形成了继承自罗马建筑的罗曼风格 (Romanesque)，或称为"罗马风"。它拒绝了拜占庭式的复杂布局，变得非常规则、对称，恢复了古典建筑的简约美，体现为罗马式的半圆拱券图式、厚实的墙壁、连续的装饰性拱廊、粗壮的柱子和高塔。

虽然罗马风的精神直接继承自古罗马，但古罗马的一些"高科技"比如建造大型空间拱顶的工程技术已经丢失了，虽然古典的精神和风格有所复兴，中世纪仍然是"黑暗"的中世纪，没能恢复一切古典的辉煌，古典柱式有所缺失，风格不够纯粹，所以罗马风事实上是一次完成了一半的古典复兴运动。11 世纪晚期到 12 世纪，教会控制下的中世纪欧洲树立起了无数的教堂，罗马风遍布各地，但由于教会成为统治阶层，手中掌握了大量的地产和金钱，宗教建筑的装饰很快变得复杂和精美起来，罗马风从最初的十分简约迅速进化成了装饰十分复杂的建筑，比如著名的比萨斜塔建筑群。更进一步的是，这种宗教虔诚和对时尚的攀比迅速变质，很快就将古典主义的精神抛之脑后，产生了建筑史上最大的一次反叛，一种全新的风格。

3. 日耳曼族的审美

12 世纪的罗马风迅速地退化为哥特风格 (Gothic Style)，成为中世纪晚期的象征。哥特式建筑起源于 12 世纪的法国，并流行于 1150~1550 年间，当时的欧洲分裂成了无数的自治城邦和封建王国，它们相互之间的贸易急剧增加，不同地区之间发展水平相当并相互竞争，财富积累迅速，天主教的势力达到鼎盛，各地争相建造更高、更豪华的教堂，罗曼式的教堂装饰日益复杂化并很快过渡到纯正的哥特式风格。最突出的特点就是尖拱取代了圆拱，除此之外肋形拱和飞扶壁等也变得流行开来。哥特建筑与之前的罗曼风格有直接的继承关系，在此基础上罗曼风格的地方性差异到了哥特时期时变得更大，不同地区的哥特建筑都有着明显的地域特征，比如最突出的是英国 [12]，发展出了多种哥特变体。法国也发展出了辐射式哥特 (Rayonnant) 和火焰式哥特 (Flamboyant) 等风格。由此可见，哥特风格其实是一种发展丰富的风格集合，而不是一种单一的风格。它没有单一的定义，但却极易识别，既松散却又强壮。

这种风格引人侧目，因为它与古典建筑完全不同[3]。哥特的名字则来自17世纪建筑师对中世纪时期的批评，带有对野蛮的蔑视。在当时的英国，"哥特"(Goth) 这个词直接与"文化毁灭者"(Vandal) 等同。瓦萨里将这种新的风格称为"日耳曼人的野蛮风格"[13]。它的一切都与古典主义的简约、统一的精神背道而驰。"哥特"建筑高耸、尖峭又带有空灵的感觉，带给人一种神秘、哀婉、崇高的强烈感情，这正好与天主教会控制社会的目的相吻合。张扬且富有感染力的哥特艺术代表了神秘、全能、不能被质疑的神的意志。这种风格被赋予了更多的宗教政治含义，继拜占庭风格后再一次以神的名义统治了西方艺术，也正是在教会的支持下它才得以迅速发展。值得注意的是，"哥特"一词沿用到今天，已经成为一个用来客观描述这种风格的中性词。

4.伟大的文艺复兴、衰落与走向反动

物极必反，教会和宗教势力在中世纪达到了顶峰，也同时激起了很多人的不满，随着社会与经济的发展，人们日益增长的精神需要与中世纪枯燥压抑的宗教氛围之间的矛盾与日俱增。最为富裕的意大利人，在商人和知识分子的引领下以人文主义精神为口号，以复兴和重振古希腊古罗马艺术和文化为武器，争取取代黑暗的中世纪宗教文化，开创了文艺复兴运动 (Renaissance)。

这一场复兴的革命来得十分迅猛，起始于佛罗伦萨，由人们主动地试图复兴古罗马的"黄金年代"而开始。原因在于：第一，意大利从没有真正完全接受哥特风格，除了著名的米兰大教堂，少有其他的教堂强调使用垂直线条、束柱、华丽的窗饰和复杂的肋骨拱等哥特元素；第二，罗马城中仍然留存的古罗马建筑给了艺术家们直接的灵感[14]，当社会意识和哲学倾向开始转向古典主义时，意大利人有最充分的素材；第三，是由于商业与资本主义的发展使他们与封建教会的矛盾加剧。威尼斯控制了海上贸易，并带动了意大利北部的大城市共同富裕了起来，使得他们有实力资助艺术家；到了15世纪，佛罗伦萨、威尼斯和那不勒斯等城市将它们周围的地区纳入它们的势力范围，打破了地域自治的束缚，艺术家们的流动变得更简单；中东地区保留的古希腊罗马经典书籍也从海上传了回来；印刷术的发展，古典典籍的重现和不断增强的贸易和政治联系都促使了对知识的渴望；与宗教思想相反的古典主义成为哲学家们的武器，启迪了意大利人发展出了人文主义：人是现实生活的创造者和主人，而不是神[15]。

文艺复兴不仅要恢复古典时代的文化精神，同时也追求物质文化的复兴，建筑就是其表现形式。文艺复兴建筑，流行于15世纪早期到17世纪早期，重新确立了古典主义建筑的规范，通过对留存在意大利的古罗马建筑遗迹的大范围研究勘察[6]，吸取了它的古典元素进行创作，在文艺复兴盛期，这些创作都严谨地使用了古迹中保存的形制。但意大利人绝不是简单地完全仿造，一个主要原因是古希腊罗马的很多建筑形制，比如神庙、浴室、斗兽场等已经不再被当时的社会所需要，人们需要实用的教堂、公共建筑和私人住宅，意大利人的做法是在新型建筑上大量使用古典元素，比如古典柱式，强调对称、水平分割、比例和几何以区别于中世纪哥特式的不规则，由此产生了独特的文艺复兴风格，这是一种对古典主义理念的独特解读。世俗化的文艺复兴建筑充满的是人性的光辉，是与中世纪"黑暗时代"以及它的代表——哥特艺术——的彻底决裂。

1377年教皇格雷戈里十一世 (Pope Gregory XI) 从阿维尼翁回到罗马，带动了这座城市的宗教氛围，也带来了一波新的文艺复兴教堂建筑热潮，从15世纪中期一直持续到巴洛克时期达到顶峰。西斯廷礼拜堂 (Sistine Chapel) 和完全重建的圣彼得大教堂 (Basilica di San Pietro in Vaticano) 是最好的例子[16]。但这个宗教氛围的回归却带来了精神和观念的扭曲。

文艺复兴盛期到来后，艺术家们发现了一个危机，以古典主义为原则的一切可以设计的样式都似乎已经被建造出来了。他们需要新的领域、新的目标。文艺复兴古典主义所重视的比例、平衡与和谐理念被抛弃，取而代之的是更丰富的想象力、更夸张的造型、不对称和不自然的华丽风格。这就是手法主义或称矫饰主义 (Mannerism)，它指16世纪晚期出现于意大利文艺复兴末期的一种风格，如其名，它比文艺复兴盛期使用更多复杂的装饰，可以被认为是文艺复兴盛期后的一种衰落或反动，同时也是17世纪巴洛克风格的直接鼻祖。巴洛克风格 (Baroque) 则出现于17世纪，蜕化自意大利文艺复兴风格，最初只是为了追求更壮丽的戏剧性效果[9]，但最终走向了奢华和夸张的方向。"巴洛克"一词起源于葡萄牙语 (Barroco)，原意指不规则的珍珠，后引申为古怪、变形等意思。巴洛克在法国又发展出了更阴柔、色彩和装饰更绚烂的洛可可 (Rococo) 风格，柔美并充满乐趣的洛可可甚至成为奢靡过度的法国国王路易十五时代的标志[17]。这两个词都是后人造出来的带有贬义的术语[10]，用来指责它们对古典正统的破坏。与哥特一样，到当代它们都已经变成了中性词。

巴洛克不光在风格上是反动的，在内在思想上也充满宗教含义和享乐主义的色彩。首先，站在天主教会保守势力的立场上，巴洛克代表了反新教改革运动胜利乐观精神[10]。教廷跟新教国家之间的关系的分裂不可避免，与同样反对宗教改

革的天主教国家如法国、西班牙和葡萄牙等国巩固君权的势力相结盟。教会与宫廷正好需要巴洛克这样有感染力与震撼力的艺术形式宣扬专治权威和地位。其次，巴洛克建筑也与殖民时代直接相关，海外殖民活动需要强有力的中央集权政府支持，比如早期的殖民国家西班牙和法国，巴洛克在这些国家就发展得很快[18]。反过来，殖民运动带来了巨额的财富，从南美洲搜刮的白银被源源不断地送到西班牙，以至于从西班牙开始整个欧洲都发生了通货膨胀，与其让白银不断贬值，还不如把它换成奢华的庄园和宫殿，巴洛克建筑进一步得到了发展，洛可可风格便应运而生，它更为有趣、华丽和柔美，而且不像巴洛克那样富有政治寓意，洛可可更像是一种轻松的娱乐。

文艺复兴直接取材于古典主义，尽管巴洛克与洛可可如此相似，根源仍为古典主义，但却将文艺复兴的古典元素变得夸张和做作，最终达出了完全不同的含义。在这个时期，建筑理论仍然参考古典主义，但已完全没了文艺复兴时期的那份严谨和真诚[9]。对比起来，文艺复兴建筑中和了世俗和宗教的影响，巴洛克直接与反宗教改革的势力相连。就这样，文艺复兴努力恢复的古典精神被矫饰主义——巴洛克和洛可可运动——一路消磨殆尽。

5. 名正言顺的古典复兴

到了18世纪末,洛可可终于被新古典主义风格 (Neo-classic Style) 所取代,这次轮回来得似乎名正言顺。由于洛可可风格偏好使用贝壳图案并专注于装饰艺术，批判者用洛可可 (Rococo) 这个词暗示其追求时髦且轻佻。由于其被认为是肤浅和庸俗的品位，这种风格遭受了猛烈的批判。作为对洛可可风格的反击，新古典主义建筑应运而生，它力求恢复古罗马艺术的纯洁性和理想性，至少是回到16世纪的文艺复兴古典主义，清除巴洛克与洛可可带来的奢靡之风。

新古典主义 (Neo-classicism) 或称古典复兴 (Classical Revival),广义上指称的范围广泛,包含文学、美术、音乐等众多领域。"古典复兴"一词更多用于建筑艺术领域，它出现于18世纪，在18世纪中期到19世纪中期十分盛行。随着启蒙运动新思维的广泛传播，社会意识主流对西方文明历史产生了极大的兴趣，由此出现了一波对古希腊罗马的考古热潮。建筑界从考古的新发现中找到了灵感，再次出现了复兴古希腊、古罗马文化的运动。这一次复兴与文艺复兴相比更为注重对古希腊、古罗马的直接模仿，文艺复兴时期虽然人们也执着于古希腊、古罗马的建筑，但古希腊、古罗马的代表大多是雄伟的神庙，而当时社会和经济条件可能并不需要那样的神庙，古典主义的要素就被用在了其他各种地方并形成了独特的文艺复兴风格，到了古典复兴时期，由于技术进步和社会变得更为富有，部分或完全仿制希腊罗马神殿成为一种时尚，罗马的共和制使它的古典建筑形式正好符合了新兴资产阶级的民主共和思维，导致今天欧洲城市中普遍存在着神庙式的巨大门廊建筑。

各国的古典复兴也不尽相同。比如在英国，罗马风格太过于"共和"，与英国的君主制不符，遭到排斥。到19世纪初的英国，希腊复兴风格以其克制、严肃的风格在英国国内民族主义发展、拿破仑战争和政治改革的背景下受到皇室和平民阶层的共同青睐，英国人在古典复兴运动中随即偏向了对希腊风格的复兴。发展到后期的乔治时期，形成了独特英式格调的乔治风格 (Georgian Style) 和摄政王风格 (Regency Style)。而欧洲大陆国家更偏向于罗马复兴，尤其以拿破仑的法兰西第一帝国时期为典型，其建筑风格特别强调高大宏伟，被称为帝国风格 (Empire Style)。拿破仑将自己的霸业与罗马帝国相提并论在巴黎市中心复制了一个巨大的凯旋门。

这是最后一次欧洲统一的古典主义风格，巩固了古典精神的根基，法国的新古典主义在持续的政府支持下得到进一步发展，巴黎美术学院 (Ecoledes Beaus-Arts) 将这种风格系统化，形成了所谓的"学院派古典主义" (Beaux Arts)，到法兰西第二帝国 (1852~1870 年) 时期，法国学院派古典主义最终转向了折中风格[10]，特点还包括：孟莎顶；强调古典构图；带有大型落地窗；较多偏向使用巴洛克烦琐装饰，也多有使用古典装饰等。史称第二帝国风格 (Second Empire Style，得名自拿破仑三世即路易·波拿巴所创建的法兰西第二帝国)，再一次偏离了古典主义的核心精神，这种风格也极大地影响了美国[19]。

6. 哥特复兴的再次反叛

19世纪在欧洲大陆流行起了折中主义，古典主义的精神再次开始偏离正统的航道，与其竞争的哥特复兴风格在这个时期开始占据上风。发展到此世纪后半叶，各种历史复兴风格爆发式的出现，争奇斗艳。

英国是这个世纪建筑艺术发展的领导者，哥特复兴运动或称维多利亚式哥特最早出现于18世纪中期的英国，到了维多利亚时代成为一时的潮流（盛期为1840~1870年），如其名所示，它以复兴中世纪的哥特建筑为目标。从艺术的角度讲，这是对以古典复兴运动为标志的古典主义精神的又一次反叛，是浪漫主义运动在建筑领域的表现，但其背后还有更复杂的原因。首先，一个重要的原因是一些人对工业革命带来的大机器生产感到恐惧，从而引发了对往日的怀念，尤其是对中世纪"平静""简朴"的向往。哥特复兴运动的主要领导人普金（Augustus Pugin）就直接宣称中世纪是一个黄金时代（Golden Age），他认为哥特风格本身就包含了基督教的价值观，却被古典主义所排挤并且正在被工业化所摧毁，就这样哥特风格自然就带有了某种道德意味而得到推崇。其次，很多人担心古典主义带来的启蒙会摧毁社会的基督教传统，19世纪中期英国国教圣公会内部的高教派开始主张向"保守"的天主教教义靠拢，出现了牛津运动，以此对抗宗教改革的呼声和对教会逐渐增多的不服从。这也大大影响了英国国教的发展方向和审美偏好。第三，英国王室有着很强的政治考量，理性和古典主义通常被认为与古罗马的共和主义相联系，而哥特更多与君主制和保守主义相关。当时的英国人普遍把哥特复兴视作古典传统所代表的一切事物的对立面[10]，哥特自然得到了英国王室和政治力量的支持（于此相反的是大革命后的法国，古典主义一直受到官方的支持，并形成了以巴黎美术学院为中心的学院派古典主义风格），最直接的体现是1840年建造，现仍耸立于泰晤士河边的英国国会大厦。原建筑在1834年被大火烧毁而重建，在97个竞标设计方案中有91件是哥特风格，最终被选定的就是在普金的协助下由查尔斯·巴里爵士设计、今天可见的垂直式哥特复兴风格，此建筑更成为哥特复兴运动的一个代表作。

与哥特复兴相伴的是各种历史风格的集体复兴和它们之间的杂糅与折中风格，风格之间的区别被打破，建筑艺术似乎在理论层面上彻底失去了指导，建筑艺术家们突破一切束缚朝着不同的方向发展，再没有一种风格能成为统一世界的主导风格了。

7.建筑艺术史的尾声

由于工业革命的发生，社会开始经历数千年来不曾有过的快速变化，人们既希望打破旧世界的束缚又对这种变化无所适从，于是产生了一系列前现代主义的探索。比如产生于19世纪末期的工艺美术运动（Art & Crafts Movemont）和新艺术运动（Art Nouveau）。它们有着张扬个性并反对学院派艺术，引发了现代主义的到来。一系列思想家惊世骇俗的言论指引了历史的发展，沙利文（Louis Sullivan）在1907年提出"形式追随功能"（Form follows Function）[20]，阿道夫·路斯（Adolf Loos）更是在1908年发表了令人震惊的观点——"装饰就是罪恶"[21]。现代主义势不可挡。亨利·范·德·维尔德认为占统治地位的建筑（历史风格）都是在说谎，故作姿态，毫无真实可言。柯布西耶也宣称不顾功能与结构而盲目追求历史风格的建筑是在说谎，令人无法忍受。现代主义国际式（International style）在"装饰就是罪恶"的思想的指导下，忠实表现结构，使用重复模块、玻璃幕墙、平顶屋，建筑成为精致且无装饰的盒子。一种观点认为现代主义只是社会品味变化的体现，是与折中主义和维多利亚时代过度丰富风格化所做的对抗；另一种观点则认为现代主义的出现可以被看作是一种与启蒙运动相联系的社会现象，现代主义建筑是社会与政治革命的结果[22]。似乎第二种观点更深刻和正确。但还没等人们完全接受，后现代主义又迅速以更令人震惊的形象出现了。观念变得越来越扁平化和多元化，各种新奇和大胆的设计在新技术与材料的帮助下不断挑战我们的想象力。"艺术家"的使命不再是创造美的建筑，而是哲学思考和追求无止境的新意。多数普通建筑变成千篇一律的"标准设计图"。大众艺术出现了，阿多诺藐视其为"顺从的艺术"，批判其已经成为量产商品，失去了批判和思考的内涵。

似乎黑格尔和丹托的终结论应验了。可是我们是否已经达到了"理念"的彼岸？弗朗西斯·福山说历史已经终结了，对于统一和系统的建筑艺术史来说似乎这是对的。那未来的建筑会走向何方呢？这还没有答案。我们唯一能确定的是20世纪早期现代主义的崛起使得古典主义在建筑上几乎完全消失了[6]。

8.结语

不管艺术史是否已经终结，通过对建筑艺术史的回顾，在近3000年的历史中，我们确实能够发现一条以古希腊、古罗马雄伟庄严风格为标志的古典主义与以奢华繁复的风气对古典主义的反叛风格相互对抗交替的主线。至少是在建筑艺术史领域，存在一个类似于东方轮回价值观的反复斗争替代的发展范式。分析可知，艺术史上的风格变换不只是简单的审美倾向的变化，而是有其深刻的社会、政治与经济背景。在历史中，古典主义象征着人性、正统、进步、共和、文明和政治统一；而反古典的风格象征着神性、宗教保守、反动、君主专制和政教合一。这充分体现了艺术来源于生活又高于生活的真理。至此我们也许可以把建筑艺术风格简单地分为两个阵营：一是古典主义和偏向古典主义气质的，如古希腊罗马风格、罗曼风格、文艺复兴风格、新古典主义风格；二是反叛的保守的，如拜占庭风格、哥特风格、巴洛克（洛可可）风格、哥特复兴、各种历史风格复兴和现代主义风格。

美国大萧条后，罗斯福新政成为美国政治的重要转折点。美国人一向坚持小政府、自由、不干涉市场的资本主义，但这种观念和管理方式在资本主义泡沫化之后使得经济一蹶不振。罗斯福为了重振美国，必须背叛美国人的价值观——加强和扩大政府权力、增加政府调节市场的作用、树立新的权威而不是自由放任。在这种背景下，一种新的古典主义——"裸露的古典主义"（Stripped Classicism）在联邦政府建筑中出现，这是一种朴实且光秃秃的古典主义，强调简化但可识别的古典风格，也就是在整体和规模上保持古典的样式，只是去除传统装饰和细节[23]。政府支持它的目的在于使用这种方式超越现代主义和古典主义，这是对现代化进程中变化世界的一种理想化政治反应。在美国最典型的例子是位于华盛顿特区的美联储总部大楼，简约、平实但充满力量感[24]。欧洲一些国家也由于政治因素出现过类似的风格，斯大林时期的苏联和受其影响的其他社会主义国家中也流行过。这是古典主义最后一次大规模的换装登场，都体现了一定的民族主义和政治性。

有趣的是近 30 年左右的中国也存在一股对"古典"的追捧，各地都能找到仿造美国白宫和国会山的机构大楼。但是这些仿制大多是极其劣质的：失当的比例、廉价粗糙的装饰细部、毫无美感的杂糅。它们仅仅是追求"面子"和"洋气"的丑陋外衣，既无美感，又无思想，值得我们反思与批判。

或许在未来，古典主义会指引新的艺术运动，以其他的面貌出现。不用怀疑，那必然意味着社会意识形态的变革和新的政治秩序的出现。

（基金项目：2016 年度山东艺术重点课题"英国历史名城爱丁堡建筑艺术史研究"，项目编号：1607307）

注释：

[1] 杨小彦，邵宏．艺术史的意义 [J]．美术，1986 (06)：57-62．

[2] 徐子方．艺术史认识论——基于前人相关观点的梳理和回应 [J]．艺术百家，2016 (01)：124-129．

[3] 孙玉明．西方艺术史观念的嬗变及新趋向 [J]．文艺争鸣，2011 (04)：74-77．

[4] 代迅．艺术终结之后——黑格尔与现代美学转向 [J]．江西社会科学，2009 (01)：104-113．

[5] 邵宏．艺术史观之批评 [J]．美术，1987 (11)：16-18．

[6] John Summerson. The Classical Language of Architecture [M]．London：Thames and Hudson Ltd，1980：7-8，114．

[7] David Watkin. A History of Western Architecture (4ed)．[M]．New York：Watson-Guptill Publications，2005．

[8] Robert Adam. Classical Architecture [M]．New York：Viking，1992．

[9] 丹·克鲁克香克．弗莱彻建筑史（第 20 版）[M]．北京：知识产权出版社，2011：300，445，882．

[10]特拉亨伯格，海曼．西方建筑史——从远古到后现代 [M]．北京：机械工业出版社，2011：132，145，307，308，440，443．

[11] John Fleming，Hugh Honour，Nikolaus Pevsner．Dictionary of architecture (3ed.) [M]．London：Penguin Books Ltd，1986．

[12] Paul Frankl. Gothic Architecture [M]．New Haven：Yale University Press，2000．

[13] Giorgio Vasari. The Lives of the Artists [M]．Oxford：Oxford University Press，1991．

[14] Banister Fletcher. History of Architecture on the Comparative Method [M]．London：Macmillan Pub Co，1975．

[15] John Hale. Renaissance Europe，1480-1520 [M]．London：Collins，1971．

[16] Ilan Rachum．The Renaissance，an Illustrated Encyclopedia [M]．London：Octopus，1979．

[17] Fred Kleiner. Gardner's art through the ages：the western perspective [M]．Boston：Cengage Learning，2010．

[18] Francis Ching，Mark Jarzombek，Vikram Prakash．A Global History of Architecture [M]．New Jersey：Wiley Press，2006．

[19] Marylin Klein，David Fogle．Clues to American Architecture [M]．Montgomery：Starrhill Press，1986．

[20] James F O' Gorman. Three American Architects：Richardson，Sullivan，and Wright，(1865-1915) [M]．Chicago：University of Chicago Press，1991．

[21] Adolf Loos. Ornament and Crime [M]．Innsbruck，1908．

[22] Christopher Crouch. Modernism in Art Design and Architecture [M]．New York：St. Martins Press，2000．

[23] Stephen Sennott，Editor．Encyclopedia of 20th Century Architecture [M]．New York：Fitzroy Dearborn，2004．

[24] G．Martin Moeller Jr．AIA Guide to the Architecture of Washington，D.C. (Fifth ed.) [M]．Baltimore：Johns Hopkins University Press，2012．

作者：王一骏，山东外事翻译职业学院外国语学院 讲师；何兵，山东外事翻译职业学院外国语学院 讲师

"当甲方"的滋味

——福州大学建筑学院"精品酒店设计工作营"教学实践小记

武昕　林涛　李文婷　陈哲

The Taste of Being a Client: Boutique Hotel Design Workshop at Fuzhou University

■摘要：本文记述了福州大学建筑学院邀请6位实践建筑师参与"精品酒店设计工作营"教学的过程。本营的工作重点并不在于教会同学怎样按照任务书的要求做好一个设计，而是让同学们懂得如何能更加贴切地站在甲方的角度，去思考并完成一个设计任务。为此，这次工作营让同学们从设计甲、乙方各自的角度，去体验一个小型项目的全过程，从而反思建筑设计技能在整个产业链中的作用。此外，真实的场地，现实的设计条件，真实的策划和设计团队的操作经验都让工作营的工作比一般的课程设计更具有现实感，并且在原有设计教学工作的基础上，让同学们初步了解到现实社会中设计师的定位和自身所应该具备的基本能力，帮他们找到"用以致学"的方向和动力。

■关键词：设计工作营　精品酒店　教学实践　甲方　用以致学

Abstract：This Paper records a Boutique hotel design workshop at Fuzhou University instructed by 6 practicing architects．The aim of this workshop is to help the students to understand a design task on the viewpoint of their clients，rather than just finishing a proposal according the design brief．As such，students are asked to work firstly as the clients and later as the architects．Since instructors are the actual clients and designers of the actual site，it is an unique and realistic experience for the students to understand the position of an architect and the essential skills his／her title requires，which might help them to find the direction and drive for their training．

Key words：Design Workshop；Boutique Hotel；Teaching Practice；Clients；Learning in order to Use

　　随着城市建设黄金二十年的过去，建筑学专业的毕业生前所未有地开始面临就业难问题。经过如此长期而辛苦的专业训练，到底有哪些知识是必备的？市场到底欢迎什么样的毕业生？设计院工作是否是建筑学专业毕业生们的唯一出路？为了回答学生们的这些疑问，

2016年度秋冬季学期，福州大学建筑学院组织了一期"精品酒店设计工作营"。本次工作营邀请了上海世之设计以及上海博风设计6位建筑师担任主要授课教师，从9月9日开营到10月11日结束，累计32课时，共16名本科三年级的学生参加了学习。

作为本科教学改革的一个重要组成部分，福州大学建筑学院从去年起以客座教师密集上课并呈现设计成果的工作营形式，给建筑教学注入学院外的"实践性"的血液，对传统的设计教学进行补充。在这次工作营之前，学院既与德国凯撒斯劳滕工业大学建筑系师生联合组织过"三坊七巷里的交往空间"，也邀请了三位实践建筑师组织过为期一学期的"城市微更新"等设计工作营。与以往设计课程和其他工作营相比，本次酒店设计工作营的课程是一次全新的教学实验，主要体现在以下几个方面：

首先，在教学目标设定方面，本营的工作重点并不在于教会同学们怎样按照任务书的要求做好一个设计，而是让同学们懂得如何能更加贴切地站在甲方的角度，去思考并完成一个设计任务。为此，课程被设计成两个部分：第一部分是请同学们担任甲方的角色，分组通过理性的讨论完成商业模式和品牌logo及宣传口号的设定；第二部分是各"甲方"小组交换任务书，在给其他组同学当甲方的同时，也接受其他组委托成为乙方，依照委托方的理念诉求解题，提出自己的设计概念。这样一来，这次工作营能够让同学们从产业链的不同位置——设计甲乙方各自的角度，去体验一个小型项目的全过程，从而反思建筑设计技能在整个产业链中的作用。

与建筑学院通常的美术馆、活动中心不同，工作营选择的"精品酒店／民宿设计"这个课题是时下的一个热点投资方向，"市场味儿"较足。设计需要考虑的不仅是设计师的个人喜好，更要求考虑未来客人的需求和入住体验。对于后者的训练，在目前本科的建筑设计教学中虽然重视，但效果往往难尽人意。针对这个问题，课程设置为以下几个部分：酒店设计基本案例及介绍、商业模式、麦肯锡和IDEO的方法论介绍，品牌LOGO、平面设计及宣传口号（slogan），建筑设计指导。

在第一堂课，俞榶老师首先从其自身公司及其他企业案例的经验引入，希望大家能从思考方式出发，重新审视作为一个设计师应如何去对待一个问题。而后阐释了作为甲方，如何从全产业链角度来看待一个项目。对于这些"经验之谈"，同学们似乎并不能很好地将其消化，这可能是由于大家还未接触过实际的项目，对于"传统的设计模式是如何"、"现实的甲方是什么样"都还没

有一定的概念，就要去转变思维，难度略大了一些。不过第二节课开始，一个活生生的酒店项目设定被提出，通过寻找核心资源、目标客户、成本结构等商业模式要素，同学们开始找到了做甲方的感觉。

随着课程的推进，各组的商业模式逐渐优化，品牌的概念以及品牌的名称、LOGO、SLOGAN等逐渐清晰，同学们进入甲方角色，对"自己的"酒店的期许日渐明晰。就在完整的商业计划成形之后，每个人又被要求重新做回设计师，接受其他甲方的设计任务。身份的突然切换让大家重新陷入各种困扰——对于别人概念的理解、场地和空间的限制、成本与收益的考虑等等。由于课程时间的限制，同学们必须在短时间内做出自己的方案，但第一次面临众多问题让他们很容易失去重点而陷入在某一个问题之中。根据每个人的问题，几位老师进行了针对性的指导，使得同学们的方案可以快速地迭代。虽然，这意味着不得不熬夜想方案、做模型等，但同学们对于方案的理解更加透彻。中期汇报和结营成果汇报阶段，是将甲方与设计方联系起来进行交互评价与指导，可以让同学们清楚作为甲方如何定义一个项目，以让设计方更好地进行定位从而完成任务，也让同学们明白设计师对于甲方意图的理解不同会形成截然不同的设计方案。

对这种教学模式上的变化，学生们的体会很深。参加工作营的黄佳彦同学在她的课程总结中写道：

"以往的课程都是老师扮演甲方角色，学生扮演乙方角色，这次是学生组队分别扮演甲乙两方，然后互换角色，老师从旁引导学生理清思路而不过多干预设计。经历了从商业分析／定位／模式／任务书／设计策略的整个过程，和之前的设计课相比，工作营有一个明显的优势是甲方（学生）能够给乙方提需求，而乙方也能够通过沟通配合甲方，引导甲方把需求具体化。做甲方时由于是一个团队工作，在涉及经济的问题上都必须和成员商量，这个过程知道了团队合作的不易以及能跳出建筑师的思维去看到设计建造是商业行为的本质。"

李杰祺同学说：

"曾经我脑海中的建筑学被赋予了太多的神光，于是做设计的时候越想越多，恨不得将所有的东西都拉到自己身上。经过这次甲方乙方互换战场的经历，我更深刻地体会到了'建筑设计是一个服务行业'这句话的意义。建筑设计这四个字在我眼中发生了改变。我们需要学习的，更重要的，应该是'设计'——即解决问题——的能力，从把每一个需要解决的问题写下来开始。"

叶佳怡同学则总结说：

"以前在做课程设计很累很难坚持的时候，'不

如去经商当甲方'的念头经常在我的脑海中闪现出来。若非参加这次工作营，我平生可能从来也不会去看莫干山的这些风景，不会知道什么是'麦肯锡'，什么是 IDEO，什么是 Xmind；平生也不会知道，一个商业模式从 0 到 1 生成的不易，不会知道甲方的种种难处，也不会知道建筑师是个彻头彻尾的服务业人员，并没有我想象的伟大；若非工作营，可能我还是会去走我作为建筑系学生最普遍的一条路，进设计院，加班画图，抱怨甲方、抱怨老板，最后渐渐失去最初的憧憬和对建筑的热情。

如今再回到课程设计中，更加深刻地体会到，建筑系课程设计是一回事，和甲方合作完成一个项目，又是另外一回事。总之我会好好珍惜现阶段还能在课程设计中尽情开脑洞，不必过于考虑成本等条件的机会……当然，工作营中收获到的许多角色转换的思维，通过一些手法达到差异化的理念，和快速迭代的推进方式，是我在日后的建筑设计学习中将会更注重训练和得以运用的目标。"

曾庆怡同学说：

"当站在商业的角度考虑，从商业模式入手，一些建筑设计上没有问题的方案，却会因为商业定位而被否定。这让我也深深感受到了作为乙方，要站在甲方立场考虑，说服甲方真的不容易啊！"

其次，在题目设计方面更强调现实感。本项目为"真题假做"，用地是上海世之设计公司在莫干山投资的精品酒店项目的用地。不仅用地是真的，酒店真实的甲方被请来完成第一部分的任务书制定任务，酒店真实的设计团队——上海博风设计公司也被邀请过来指导学生完成第二部分的设计任务。真实的场地、现实的设计条件、真实的策划和设计经验都让工作营的工作比一般的课程设计更具有现实感。

李杰祺同学说：

"在调研阶段我们前往了莫干山，是一个真实的、合理的选址。由于后期当甲方时会考虑到商业因素，一个合理的场地是非常重要的，在商业中选址的影响甚至可能比建筑本身设计得好不好还要重要，而在场地周围的人、事、物包括社会因素都在真实地影响着商业定位会是怎样，建筑最后会是怎样。由于老师们有很大一部分来自这块基地真实项目的甲方、乙方，因此我们无法逃避这些现实问题，必须回应它、解决它，并且我们将会面临的问题老师很可能已经经历过了，来自他们的意见也会更加可靠，它是一种当下的经验而非别的项目的经验。很感慨虽然这个项目在让我们做的时候已经排除掉一些因素了，但是它的复杂程度依然让我觉得终于跳开了平时设计课中自言自语设置虚假前提的状况。"

此外，在师资方面，课程中 8 个老师带 16 个学生，师生比为 1：2。不仅如此，教师属于专家型团队，每个老师各有专长：有擅长经营管理的，擅长平面设计的，擅长功能推敲的，擅长建筑造型的……不同的优势让每个阶段都能在相应的老师带领下推进方案。黄佳彦同学认为这样最大的好处是：

"每个老师的教学目的和侧重点都非常明确，因此我们在课程进行的每个阶段都能知道自己应该重点处理什么问题，会从中学到什么技能。比如，在肖潇老师带我推进方案的时候告诉我把方案的问题具体化非常重要，要快速推进，然后看它有什么问题和机会，再快速优化，并且在推进的时候要评价不同策略的优劣，留下有潜力的，果断放弃不合适的，当然在这个过程中再转换成甲方角色去思考策略性价比如何也会成为筛选策略的一个重要因素。"

虽然这次课程的组织上，尚存在很多可改进之处。例如前期知识背景缺乏衔接、整体课程的连贯性不足、教室条件不够完善等问题，但无论从学生们的成果还是回馈看，本次课程已经完成了原先设定的目标。经过课程的训练，同学们对于如何从不同角度出发去做好一个设计项目已经有了一定的认识。反思这种教学模式，可以在原有设计教学工作的基础上，让同学们初步了解到现实社会中设计师的定位和自身所应该具备的基本能力，帮他们找到"用以致学"的方向和动力。

工作营一方面拓展了同学们对于学科的认识，让一些同学发现了建筑师之外的更广阔的就业空间；另一方面，也让有些抱着"一直做苦逼乙方，想要过把甲方的瘾"的想法参加了工作营的同学发现——"当甲方实在很辛苦，既要面面俱到地考虑市场行情，又要揣摩他人心思，而且还得推出有创意的方案"，所需要的缜密思维和开阔视野"让人力有不逮"。最终觉得"还是好好学好我的功课，去当乙方吧。"能像这样能定位回建筑师角色，也很不错。

教师团队：俞樑、李文婷、李鹏、肖潇、肖闻达、林涛、武昕

学生一组：郑鑫东 郑小豪 郑倪乔 林敏燕

学生二组：林鹏程 林鹏翔 游灵慧 曾庆怡

学生三组：叶佳怡 黄佳彦 林大洲 李家俊

学生四组：郭烨潼 李杰祺 石殷忆 陈志凡

助教：陈哲、何勇强、林温清

致谢：

感谢福州大学崔育新老师对论文的建议，林志森老师、关瑞明老师和郑红武老师对工作营的支持和协助。

【附件】部分教学成果

一、宴心

　　宴心精品度假酒店的价值主张是：通过专业厨师团队与客户交流并定制美食，使客人得到味蕾和心灵的双重享受，帮助客人摆脱不良情绪的困扰。

　　客户群体定位在25~40岁，处于不良情绪状态中的都市白领群体。

　　Slogan：心有所念，必以其宴

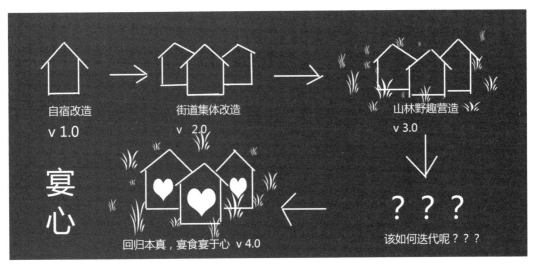

图1　宴心精品度假酒店概念任务书

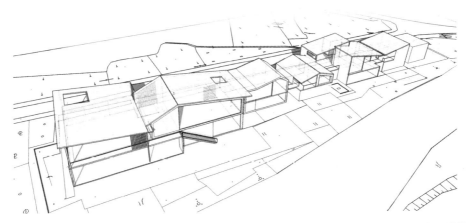

图2　宴心精品度假酒店设计方案（设计：叶佳怡）

二、浮境

FLOAT

浮于山　沉于境

　　浮境精品度假酒店的价值主张是：在这片以传统、温馨的小屋为民宿遍地开花的莫干山度假胜地上，通过带给客户强烈的对比感和设计感，以视觉范围以及空间感受力图用一种与自然淳朴截然相反的现代建筑形式，从大众化的精品民宿中脱颖而出。

　　客户群体是：追求新潮时髦、生活自主开放；来自莫干山周边城市，生活节奏较快；住宿过传统民宿并对其有一定的了解，追求非千篇一律有新鲜感的民宿。

　　Slogan：浮于山，沉于境

轻薄　▲　简约　▲　未来感　▲　通透

图3　浮境精品度假酒店概念任务书

图4　浮境精品度假酒店设计方案（设计：李杰祺）

三、懒人计划

懒 人 计 划
LAZY PP

懒在外表　乐在其中

　　懒人计划精品度假酒店的价值主张是：在进行用户分析的基础上，为客户量身定制度假期间的懒人计划，让客户可以放空大脑，享受意想不到的服务，在"浪费时间"的同时，创造美好舒适的体验与回忆，懒到懒得想，懒开世界的大门。

　　客户群体：为忙碌了一周想要翻身当大爷的都市人群和猎奇心理的人提供不一样的民宿体验。

　　Slogan：懒在外表，乐在其中

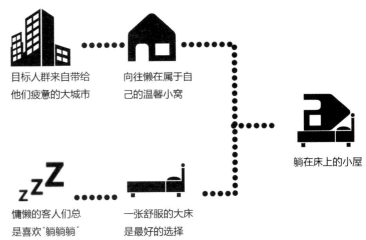

图5　懒人计划度假酒店概念任务书

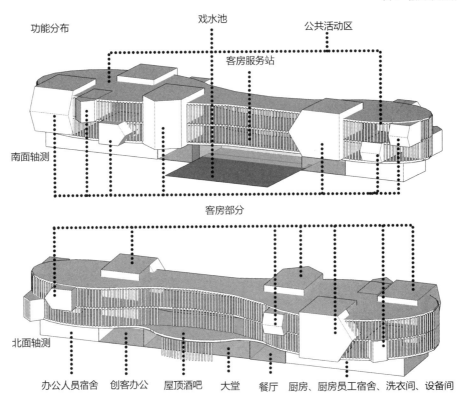

图6　懒人计划度假酒店设计方案（设计：郑鑫东）

四、余悦

余悦精品度假酒店的价值主张：为家庭提供健康、安全、有趣的亲水体验

客户群体：

1. 以周边江浙沪地区的人群为核心

2. 家庭

3. 公司中层以上，年薪 20W-50W，有一定消费能力

Slogan：以余之心，从鱼所悦

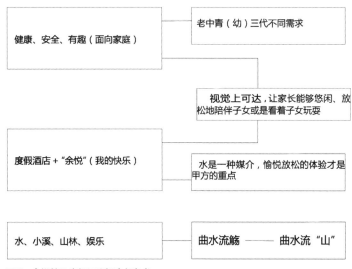

图 7　余悦精品度假酒店概念任务书

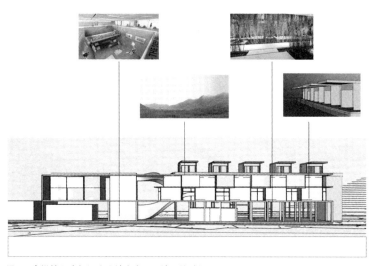

图 8　余悦精品度假酒店设计方案（设计：林鹏翔）

作者：武昕，福州大学建筑学院　讲师；林涛（通讯作者），福州大学建筑学院　高级工程师，讲师；李文婷，德清课间酒店管理有限公司　合伙人，建筑师；陈哲，德清课间酒店管理有限公司　项目经理，助理建筑师

基于全过程管理的课程交互式考核体系研究与实践

——以"建筑物理"教学改革为例

葛坚　翁建涛　马一腾

Research and Practice of Interactive Assessment System based on Whole Process Management: Taking Reform of Building Physics as an Example

■摘要：本文通过分析以往课程考核存在的问题，提出并建立了基于全过程管理的课程交互式考核体系。以"建筑物理"课程为例，在浙江大学建筑学专业通过两年的教学实践，新的考核方式明显改善了以往重期末考试、轻过程学习的情况，交互式的考核制度提高了教学的互动性并有效地促进了学生在全过程中对知识点的学习，进而提升了课程教学效率，取得了良好的教学效果。

■关键词：全过程管理　考核体系改革　交互式　建筑物理

Abstract：The problems existing in the original course assessment were analyzed, and based on whole process management a new interactive appraisal system was put forward. In building physics course the new appraisal system has been implemented for two years in department of architecture in Zhejiang University. The result showed that the new examination method significantly changed the previous situation of "result overweighing process". Interactive assess improved the interactivity of teaching and urging of students ordinary study was strengthened. At last the new evaluation system enhanced the teaching efficiency, and good teaching effect was achieved.

Key words：Whole Process Management；Appraisal System Reform；Interactive Assess；Building Physics

1. 背景意义

　　目前，对于"建筑物理"课程的授课方式仍多以知识灌输的单向模式为主，缺少对学生主观能动性的调动，理论教学和实践应用脱节。特别是由于"建筑物理"课程内容理论性较强，对于建筑学学生的吸引力不足，因而学生学习的积极性不高。学生对"建筑物理"课程的应对方法常常是平时懈怠而考前突击，对课程内容往往不求甚解，教学效果的控制也遇到了诸多问题。教学中普遍存在着轻过程，重期末的问题，几天突击，完成考试，并没有真正掌握知识，日积月累、消化吸收应用过程缺失。而且教学过程中，师生在课后缺少足够的互动交流机会，教学实验资源的利用低效情况长期存在。因此如何建立合理的学生课程考核评价体系和应用平台，成为"建筑物理"教学改革中的关键。

国内高校"建筑物理"已有的教学改革多集中在教学方法和教学内容方面，如重庆大学探讨了数字技术在"建筑物理"教学中的应用途径[1]。北京建筑大学将声学理论教学与实际设计相结合，使设计、测试、体验合为一体[2]。但是目前仍缺少对教学考核评价的讨论。本文提出的全过程管理的概念来源于生产管理，具体到教学的全过程管理指任课教师从课程开始到结束，对每个学生的学习进度、学习质量和学习效果进行全面控制，并基于学生的学习过程和效果综合判定其课程成绩。在其他学科如计算机、自动化、工程管理等专业全过程课程管理已经有较多的应用，如解放军理工大学在计算机网络相关课程中引入全过程的课程考核方式，有效地提升了教学效率[3]。东北大学自动化专业构筑了课程设计教学环节考核测评指标体系，实现了考核环节、考核方式的多元化[4]。同济大学工程管理专业从学校和教师的角度，探讨了全过程自主学习的人才培养模式的作用及具体实施情况，实现了传统教学向自主获取知识、主动思考的转变[5]。这表明全过程管理在教学实践中有其必要性和可行性。

基于此，通过全方位的课程分析，我们在"建筑物理"课程的各个阶段全面开展教学质量监控。首先将课程内容进行分解，其次针对每个学习模块制定具体的实施方法和考核评价制度，进而建立起一个全过程管理的交互式考核评价体系来取代以往以结果评价为主的评价体系。

2. 课程考核体系构架

2.1 课程教学安排

"建筑物理"课程是建筑技术科学的重要组成部分，20世纪50年代起，就成为中国高等院校建筑学专业的一门基础课程，其主要由建筑热工学、光学以及声学三大部分构成[6]。浙江大学建筑学专业的"建筑物理"课程包括核心知识点教学、扩展模块、实验模块以及汇报总结四大模块。

（1）核心知识点教学：主要包括建筑热工学、光学以及声学的基本知识。其中建筑热工学部分包括建筑热工学基本原理、建筑保温、建筑防热和建筑日照等内容；建筑光学部分包括建筑光学基本原理、天然采光和人工照明等内容；建筑声学部分包括建筑声学基本原理、建筑材料的吸声隔声、噪声控制和室内音质设计等内容。

（2）扩展模块：主要包括绿色建筑和建筑节能等可持续发展理念下建筑学专业的热点和重点内容。在传统的"建筑物理"教学中，对这些内容相关的基础理论和设计方法并没有进行系统的讲述，因此我们从2012级开始，在建筑学"建筑物理"课程中，扩展了为期一周的绿色建筑和建筑节能的相关知识的学习，同时结合实际工程案例展开分析，使学生能够更加系统地了解绿色建筑和建筑节能的重要内容。通过扩展学习使学生对发展热点有一定的了解并能够活学活用，将理论知识与探究实践相结合。

（3）实验模块：建筑物理实验是建筑物理教学中必不可少的实践环节，其目的是为了加深学生对课堂知识点的理解，增加对建筑技术实验的感性认知。实验模块要求学生自主动手操作仪器，了解和掌握各相关仪器的应用。学生需要以特定的研究对象为例，实测其室内声环境、光环境以及热环境并完成实验报告。

（4）汇报总结：学生在完成建筑物理实验模块之后，需要提交相应的实验报告，并上台做主题汇报。教师会针对汇报情况进行提问，来了解学生对理论知识和实验方法的掌握情况，同时通过互动的问答来提高教学的交互性。课程最后阶段教师对一学期课程做全面的梳理和总结，帮助学生建立起一个完整的课程学习框架。

"建筑物理"课程通过多模块的交叉和互补，来实现对教学质量的有效把握。课程内容的分解，为教学的扩展提供了更多发挥空间。以模块化教学的方式，把声光热三部分的理论知识进行分类集中讲解，扩展模块和实验模块的加入为建筑学专业学生未来针对性学习相关建筑技术知识打下基础。

2.2 基于全过程的课程交互式考核体系

新的全过程管理的课程交互式考核体系包括日常考核、探究性实验、课程考试以及创新项目四部分，分别给出了具体的评分权重，建立了相应的考核细则来保障全过程管理评价的实施（表1）。

（1）日常考核：平时考核成绩占最终成绩的40%，主要由课堂签到和互动、课后作业及期中考试三部分组成。其中考勤成绩占10%，包括到课情况以及互动交流得分。课后作业占20%，每节课结束学生均需要完成一定量的课后作业，来巩固课堂关键知识点。任课教师会在课堂内对错误较多的题目进行集中解答，并督促学生及时订正。此外，期中考试成绩占10%，考查学生半学期的学习情况。

（2）探究性实验：探究性实验分为小组报告和个人报告两部分，各占最终成绩的5%。实验探究不只是简单地复制现成的课本实验，而是要求学生选择建筑系大楼作为实验对象。首先学生自

内容	具体形式	考核权重	考核要点
日常考核	课堂签到和互动	10%	定期课堂签到，教师在授课过程中针对相关知识点随机提问，针对课程问题和学生展开互动交流
	课后作业	20%	每节课结束布置相应的课后作业，帮助学生巩固重要知识点
	期中考试	10%	期中安排考试，对半学期课程重要知识点进行考核
探究性实验	小组报告	5%	探究性物理实验安排、数据整理以及分析
	个人报告	5%	对建筑环境现状进行分析并提出针对性的改进建议
课程考试	期末考试	50%	对整个课程重要知识点进行考核
创新项目	科研训练以及学科竞赛	加分项	鼓励学生从课堂知识点出发，基于探究性实验，参与各级创新课题研究或者学科竞赛，最后给予相应的加分

由分组，分别选取大厅空间、授课教室以及专业教室作为实验地点，对室内的热环境、光环境以及风环境进行实测研究，其次通过第一手的数据分析，探究室内建筑物理环境的问题，最后要求学生发挥建筑学的特长，提出针对性的改进措施。

（3）课程考试：期末考试成绩占最终成绩的50%，考核体系相对减少了期末考试成绩的占比，这将督促学生在课程全过程中全面掌握各个知识点。以往课堂长期缺勤，期末突击导致的"高分低能"情况得到改变。

（4）创新项目：创新项目包括科研训练以及学科竞赛。通过新增的创新分，积极引导学生加强实践创新能力的培养，鼓励学生参与建筑技术、绿色建筑设计等方面的科研和竞赛。此项成绩仅作为附加分，不对所有学生作强制要求，但在总分基础上的加分将能极大程度地激发学生在探究实践上的主动性。

新的考核体系既包括对基本理论知识的考核，又涵盖了对学生综合实践能力的测评。过程化评价注重考查学生平时的学习态度和实际投入的精力，强调过程性和综合性。过程和结果相结合的评价体系能更加全面地对学生的学习情况进行考核，避免了以往单一片面的评价体系所导致的"重期末，轻过程"的现象。

3.课程考核平台构建和应用

3.1 课程考核平台的构建

基于以上的成绩考核评价体系，我们编制了一个全过程课程管理考核平台，向所有注册的学生开放查询，让学生随时了解自己的平时成绩和学习进度，并向所有学生开放互动交流区。课程考核平台一共分为5个主要的用户体系，分别是院系管理、课程管理员、任课教师、助教以及学生（图1）。

（1）院系管理：学院统合院内所有学科课程，对各类课程进行分类。给予不同用户群相应的权限，对选课学生进行数据统计和管理。统一的用户平台便于成绩查询和统计。学院能够实时掌握课程数据，并针对用户反馈对考核平台进行优化。

（2）课程管理员：学院指定专门的课程管理员对各类课程信息进行维护。任课教师可以自由设定本课程的栏目、布局及内容。管理员每学期会对开课任务进行管理，通知到每一位任课教师，同时联系下级各个用户群体，和选课系统对接，也可以在线与学生进行互动，及时回答选课的相关问题。

（3）任课教师：在每学期开课前，任课教师可以通过课程考核平台对选课学生进行管理，在课程考核平台即时发布最新通知，并向所有学生开放。每节课课后对课堂作业进行管理，统计平时成绩并向学生开放查询功能，学生可以实时了解自己的平时成绩，并根据结果调整学习进度。任课教师可以结合课程实验，在课程考核平台上设置相应的实验视频课程以及参考资料，学生可以随时上网自我学习，通过模块化的内容选择，满足不同学生的学习需求。互动式的成绩管理使任课教师可以随时查看每一位学生的平时成绩，及时对低分学生跟踪询问并帮助其端正平时的学习态度，同时针对全过程考核评价结果及时调整课程。

（4）助教：助教作为任课教师以及学生的沟通媒介，可以降低任课教师的工作量，非教学工作的合理分配，使任课教师可以专注于教学内容的更新和优化。系统给予助教用户学生管理、通知发布、作业批阅等各项权限，同时任课教师可以实时进行检查，在过程阶段对平时考核进行纠正。学生也可以通过查询端对自己的成绩进行质询，通过多方面的反馈可以降低考核的错误率，来确保课程成绩的公平性。

（5）学生：每一位学生均可以结合自己的实际情况在课程考核平台上进行在线学习，通过在线交流平台和任课教师以及助教进行沟通。实时查询自己的平时成绩，对有异议的成绩可以在线申请复核，减少了考核过程中的差错并提高课程考核效率。在线考核平台在实验模块增加了仪器预约以及报告上传等功能，来提高仪器的使用效率和教学效率。

院系管理	课程管理员	任课教师	助教	学生
• 课程管理 • 用户管理 • 学生管理 • 成绩查询 • 数据统计	• 信息维护 • 开课管理 • 下级用户管理 • 在线互动管理 • 基本设置	• 学生管理 • 通知发布 • 作业管理 • 实验管理 • 成绩管理 • 创新项目管理 • 在线交流	• 学生管理 • 通知发布 • 作业批阅 • 实验管理 • 成绩管理 • 在线交流	• 在线学习 • 在线交流 • 上交作业 • 仪器预约 • 实验报告 • 上传报告 • 创新项目申请 • 查看成绩 • 问卷调查

图1 课程考核平台框架

另有只读用户等,仅开放对于其他访客的信息查询功能,向所有人公布课程的基本信息。课程考核平台实现了从单向播放、单一功能向信息反馈、集成互动的转变。学院内课程均可以通过模块化平台进行定制设计从而降低了平台的使用和学习成本。

3.2 考核体系在"建筑物理"课程中的应用

课程考核体系在"建筑物理"课程的应用以课程考核平台为载体,基于全过程管理以及交互式原则将"建筑物理"课程主要分为课程简介、课堂互动、课后作业、实验模块、考试模块、互动交流区、创新项目以及教学评价八大模块(图2)。课程考核平台主界面如图3所示,通过模块化定制课程页面,管理员可以在后台实时进行内容维护和栏目管理。平台左侧为通知公告以及基本信息页面。中间为课程简介以及图片资料。右侧开设快捷通道,将常用的子模块以及常用链接,如作业互动、下载中心、实验预约等,独立设置于首页,方便用户使用。

课程简介:对所有学生用户公开,主要介绍"建筑物理"课程的基本内容、教学大纲以及教学日历,让学生可以在上课前对课程有一定的了解并合理安排预习和复习时间。模块内还有教材资料以及参考文献,学生可以结合自己的实际情况自主学习"建筑物理"的扩展课程。

课堂互动:在教学过程中任课教师会及时发布相关的课程信息,如课程时间调整,作业上交截止时间以及实验安排等。通知即时推送给每一个选课的学生。每节课课程开始前学生通过考核平台进行签到。每一位学生的课堂讨论信息会上传至相应的模块,学生可以自主查询。

课后作业:平时作业的提交以纸质稿为主,网络电子稿为辅,助教会将每次平时作业的成绩记录在管理平台(图4),供学生和任课教师查询及监督。通过课程考核平台的网络化管理降低了考核的人力和时间成本,实现了对平时作业的过程化管理。

实验模块:传统的实验教学模式是任课教师讲解书中给出的典型实验,布置实验任务,学生在老师安排好的实验室中进行典型实验,并自行完成实验报告。针对"建筑物理"课程,我们对2012级、2013级建筑学专业的教学实验内容进行了改革,课程在第6周的阶段开展实验相关知识的集中介绍,为之后的探究性实验打下理论基础。探究性实验还分别对实验对象、内容设计、汇报结果进行改革。实验对象课程安

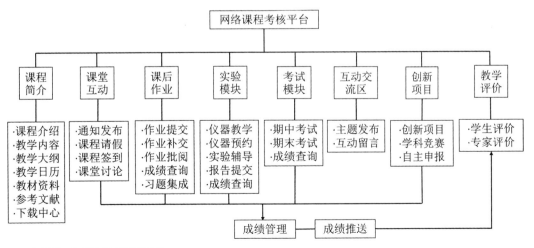

图2 "建筑物理"课程全过程管理体系

图3 浙江大学"建筑物理"课程考核平台

图4 课后作业管理界面

排转变为学生自主选择，教学内容从单一数据测量改为综合性建筑环境评价，实验结果也从个人实验报告演化为综合性的报告[7]。探究性实验的设置不仅能加深学生对理论知识的理解，还可以锻炼学生将理论知识和实践应用相结合的能力。

考试模块：考试模块分为期中考试和期末考试，主要考查学生对课程内重要知识点的掌握情况。期中考试着重考查学生对平时课后习题的掌握情况，题型为计算题。期末考试则涵盖一学期所有课程知识点，题型有名词解释、简答题以及计算题三类。

互动交流区：针对目前课堂教学过程中，师生缺少交流机会、通知传达不畅等问题，在课程考核平台中开设了互动交流区。学生遇到有关问题可以随时在课程考核平台发布相应的主题，任课教师以及助教会定时在留言区进行解答，遇到复杂问题可以安排线下交流。任课教师通过线上实时反馈以及线下的跟踪来实现对学生的全过程管理和互动交流，帮助学生提高学习效率，并基于学生的反馈意见来调整课程内容。改变了以往填鸭式教学的弊端，践行了教师教学跟着学生走的理念。

创新项目：在探究性实验的基础上，积极鼓励学生利用"建筑物理"课程知识所学参与SRTP、"国创省创"、节能减排竞赛、社会实践以及绿色建筑设计竞赛等活动，进行撰写论文、申请专利等科研锻炼，使学生能有更多机会参与科研和学科竞赛。

教学评价：任课教师通过学生评价以及专家评价两方面对一学期的教学进行总结，查漏补缺，并在下一学年教学计划中进行改进。学期结束后系统对成绩进行计算并及时将成绩推送给每一位学生（图5），通过动态的跟踪反馈和数据总结来考核教学质量，最后可以实现对考核平台的不断优化调整。

学号	姓名	平时			实验		考试		创新项目		成绩总评
		点到	互动	作业	小组	个人	期中	期末	加分项	扩展	
			10%	20%	5%	5%	10%	50%			
		3	100	100	90	93	90	72			84
		3	95	95	90	87	70	82	1		86
		3	95	95	88	85	72	86			87
		2	100	90	90	80	88	89			90
		3	95	90	88	78	90	90			90
		3	90	95	88	92	90	85			89
		3	95	80	88	82	88	79			82
		3	90	85	90	86	92	84			86

图5 成绩管理界面

课程考核平台在课后作业、实验模块、作业管理、成绩管理四方面均实现了交互式管理。学生和教师突破了时间和地点的限制，可以在考核平台即时进行讨论和交流。基于课程考核平台，学生可以进行自主管理和自主学习。通过针对2012级、2013级建筑学学生两学年的教学实践，共152名学生参与，课程实现了从以教为主向以学为主，从课堂教学为主向课内外相结合，从结果评价为主向全过程评价的积极转变。通过全过程互动式管理有效地改变了以往"轻过程，重期末"的问题，各部分权重的分散能够有效提高学生在课内外对课程的参与度，使学生重视每一次的课堂教学和课后任务，更加扎实地掌握知识。交互式信息交流能有效提高课程的交互性，并能较好地激发学生学习的主动性和积极性。

4.结语

在实践教学中，以往的考核评价体系常以期末考试的成绩为主，忽视了教学的过程性和综合性特点，容易使得最后的成绩不能真实地反映学生在课程中实际投入的精力，使得学生养成重视考前突击、轻视平时课堂教学的不良习惯，不利于正常教学的开展。随着人才培养目标的改变，特别是针对工程设计型人才，传统的考核方式缺陷日益凸显。为了适应建筑学课程实践和素质能力的培养要求，对以往考核方式的更新势在必行。

在浙江大学"建筑物理"教学改革过程中，分析了以往考核方式的不足，提出了基于全过程的学生课程交互式考核体系，进而实现了从以教为主向以学为主、课内外相结合、全过程评价的有效转变。通过两学年的课程实践，新的考核方式有效地提高了学生学习的积极性，信息化的设置减轻了全过程考核的工作量，提高了教学效率和互动性。未来将进一步通过丰富考核内容，同时基于多平台的互动不断创新考核形式，提高教学水平，并对其他课程考核方式形成示范辐射作用。

参考文献：

[1] 许景峰，宗德新，尹轶华. 数字技术在建筑物理课程教学中的应用 [J]. 高等建筑教育，2012，21（1），139–143.

[2] 李英，陈静勇. 建筑设计类专业学科链实验室建设和实验课程改革 [J]. 实验室研究与探索，2007，26（9），113–115.

[3] 许博，陈鸣，刑长友，胡超. 面向全过程的课程考核方法研究 [J]. 计算机教育，2014（23），99–101.

[4] 徐林，关守平，张羽，张伟宏，赵静. 自动化专业课程设计考核模式改革与时间 [J]. 实验室研究与探索，2011，30（10），354–356.

[5] 贾广社，尹迪. 基于全过程自主学习模型的人才培养模式 [J]. 高等工程教育研究，2011（05），85–91.

[6] 陈仲林，唐鸣放. 建筑物理 [M]. 图解版. 北京：中国建筑工业出版社，2009.

[7] 葛坚，马一腾. 建筑物理课程探究性实验教学模式研究 [J]. 中国建筑教育，2016（13），39–43.

作者：葛坚，浙江大学建筑学系 教授，博士生导师；翁建涛，浙江大学建筑技术方向 博士研究生；马一腾，浙江大学建筑技术方向 硕士研究生

基于互联网的建筑制图 "CAD+X" 互动教学探索与实践

张祚　周敏　罗翔　陈彪　刘艳中

Exploration and Practice of "CAD + X" Interactive Teaching in Architectural Drawing Based on Internet

■摘要：在互联网技术快速发展和课堂教学模式亟待更新的背景下，文章聚焦建筑制图CAD课程教学当前的现状和面临的问题，探讨了提升课程质量的突破点，并基于教学实践中的探索对如何应用互联网平台开展建筑制图"CAD+X"的互动教学模式进行了介绍、分析和总结，以期为解决课堂教学时长减少与内容繁重的矛盾，提高教学的趣味性、实效性与适用性，实现学生动手能力、协作能力与自主创新能力的提升提供实践案例。

■关键词：互联网　建筑制图　CAD+X　互动教学　微信教学

Abstract：In the context of rapid development of Internet technology and the urgent need to update the classroom—teaching mode, the article focuses on the present situation and problems of CAD teaching in architectural drawing. This paper discusses the breakthrough point of improving the quality of the course and introduce, analyzes and summarizes the interactive teaching mode of how to use the Internet platform to carry out the architectural drawing "CAD + X" based on the exploration in the teaching practice. Some objectives are proposed, such as solve the contradiction between the reduction of classroom teaching time and the heavy content, improve teaching fun, practical and applicability. And provide practical examples for how to enhance their practical ability, collaboration and independent innovation.

Key Words：Internet；Architectural Drawing；CAD+X；Interactive Teaching；WeChat Teaching

近年互联网技术特别是移动互联网技术的快速发展，各种新技术及其应用的快速更新，为高校教育课堂教学的适应与发展既带来了新的机遇，也提出了新的挑战。互联网技术尤其是大数据、云计算、移动端智能手机的推广，不但对高等学校各学科教学内容、教学模式、教学评价等具体环节带来冲击，也是对中国高校教育更加开放、更强调创新方向发展的重要驱动力量。从学生方面来讲，如海量信息唾手可得与缺乏深度思考的矛盾、过分追求娱乐化与缺乏专业知识学习的矛盾急需解决；从教师方面来讲，如何满足不同学生个性化、多样化的发展目标也成为教学改革的重要任务之一。

1.建筑制图CAD教学中的问题

1.1 建筑制图 CAD 教学概况

国外高校将互联网技术引入教学已经取得一定进展。Sheriff（2013）强调互联网信息技术使远程教学成为现实，为学生和教师提供了学习体验，使学习更具有灵活性[1]。Yang（2015）也肯定了互联网技术提高了学生的学习成绩和积极性[2]。但同时互联网教学也带来一些负面效应，如：Kennewell（2008）注意到尽管英国许多高校加大了对互联网信息资源的投资力度，然而学生使用目的混乱大大限制了其独立学习的潜力。他就技术和教学互动之间的关系展开讨论，指出了教师应当更加注重学习目标，以使学生能够更加主动地使用互联网资源进行学习[3]。Burch（2014）则更加直接的提到互联网信息中许多是与建筑作为一种独特的文化实践无关的，破坏了建筑绘图文化学习的稳定性[4]。

建筑制图 CAD 作为土木工程及其相关专业的一门必修专业基础课，不但是专业核心知识的重要构成，同时对学生空间思维与实际动手能力着重强调。国内学者对互联网技术的引入为建筑制图 CAD 课程带来的便利得到普遍认可。首先，在教学技术硬件方面，张祚（2013）强调了计算机技术引入后建筑制图课程学习路径被加长，教学任务量增加与课时数逐渐减少之间的矛盾，并介绍了 Google SketchUp 在建筑专制图教学中的应用特点与实践案例[5]。吴蔚（2016）也给出了师生人手一台电脑的情况下进行同步讲解和操作练习，以逐渐积累学生操作经验的建议[6]。赵冰华(2006)进一步提出运用新媒体技术使教师操作内容界面与学生电脑界面实现同步显示，更加可以避免学生不听讲急于动手的情况，促进学生对授课内容的理解吸收[7]。其次，在教学模式上，吴慕辉(2012)提倡嵌入式教学，建筑制图 CAD 教师应当既懂建筑制图又懂建筑 CAD，并适当引入实际案例帮助学生消化理解[8]。李红（2016）则将翻转课堂教学模式引入建筑 CAD 课程，并给出课前、课中、课后教学的具体步骤，并建立多元化的考核体系，旨在提高课堂互动的有效性[9]。

1.2 建筑制图 CAD 教学存在问题与难点

综合对已有文献的梳理和教学实践的总结，当前建筑制图 CAD 教学遇到的主要问题包括：1）课程的基础性与应用的高级型的矛盾。作为培养学生核心操作能力之一的专业基础课，建筑制图 CAD 课程一般开设在大学一年级。该阶段本科生的专业基础知识相对较为缺乏，并且计算机基础

相对薄弱。计算机基础不牢增加了 CAD 上手的难度。而缺乏专业基础知识，导致了学生自己专业理论知识水平不高，即使熟练掌握 CAD 的操作，也难以独立完成专业设计表达。2）单调的教学模式不但不容易组织教学，更难以调动学生的学习积极性。上课时过多通过讲述的方式强调软件操作，在软件操作命令、操作方式的掌握上耗费大量时间，反而忽视了通过互动实践来学习，这增加了学生学习的枯燥感，难以调动学习热情，影响学习效率。3）不科学与缺乏人性化的软硬件环境阻碍了建筑制图 CAD 教学效果的提升。作为一门强调实践操作能力培养的课程，硬件环境的合理性、科学性对于提升教学效果至关重要。除了要有配置良好的电脑设备和对应的软件，能保证教师机与学生机同步互动，具有演示、收发文件、播放、电子签到、交互问答功能的教学系统也对互动教学的开展起到了关键作用。

1.3 建筑制图 CAD 教学中突破点

在互联网快速发展、教学模式亟待更新的背景下，面对建筑制图 CAD 教学存在的难点，笔者认为可以从以下几个方面突破：1）将教学方式的改进与互联网信息技术相结合。当互联网融入教学中来，它不仅是可以利用的工具，同时更要分辨它提供的信息是否正确，此时教师的作用应当是对师生之间的思维起协调作用而不是单纯的传递信息，通过对学生接触到的信息答疑解惑，引导学生的联想与思维发展。2）教学形式与内容要与时代特征和学生兴趣相结合。互联网时代对本专业学生的图纸绘制能力、工种之间的协调，甚至文件的格式转换和不同软件差异带来的问题能否解决，都提出了更严格的要求。教师应当更加强调学以致用，引入工程案例进行讲授不仅可以提高学生对理论知识的学习热情，同时可以让学生形成一整套系统的专业理念，这将对学生就业后综合处理实际工作问题能力产生潜移默化的影响。3）着力提升学生的自主创新能力和动手能力。传统的建筑 CAD 课程只能锻炼学生学习软件而不能更好地提升辅助设计能力，为培养学生的创造性思维，要注重对计算机二维与三维绘图、提高对数字化模型与数据分析的能力，以及采取上机制图的考查方式，在规定时间内综合考查学生对专业知识和绘图能力的掌握，会比卷面考试更能提高学生的兴趣，普遍受到学生的欢迎。

2.“互联网+”与互动教学的融合

2.1 互联网平台在课堂教学中的作用

互联网时代给高校课堂教学带来了新的机遇和挑战，并在许多专业教学中得到了初步探究与应用。郑铭（2016）认为微信等新媒体凭借其独特的平等性、交互性、及时性，为思政专业教育

搭建了广阔的空间，"微信＋微课"突破了高校思政课堂中存在的瓶颈，将拥有不同教学专长的教师教学视频整合到微课平台，使学生可以接触到优秀课程资源，提高了教学的公平性与时效性[10]。邹小青（2015）以对外汉语专业为例，提出基于微信教学的互动形式，在分组学习过程中，学生可以通过微信在微信群以汉语进行讨论，有利于语言的自然习得，也方便教师了解学生学习进度和遇到的困难，并及时进行监督和讲解。互联网平台将学生的碎片时间与课程学习契合起来，让学生在课余时间也可以进行微学习[11]。

此外，互联网也带来了海量的信息资源，形成了不同类型的文献数据库、微博、搜索引擎等网站平台。王今殊（2010）以地理学为例，强调对海量网络资源进行优化整合的重要性，由于网络信息资源分布非常分散导致利用效率不高且未形成以服务教学为方向的信息网络，无法为高校师生提供个性化的便捷服务，也已成为高等教育院校数据资源建设亟待解决的重点问题之一[12]。

2.2 运用"互联网＋"的互动教学

认识起源于活动，在活动中"我们同时形成了我们自己，也形成了我们的材料"[13]。以往"注入式"的线性教学使学生在学习中处于被动地位，无法达成个人发展与自我建构[14]的主动。而基于互联网平台的互动充分发挥老师的主导作用与学生的主体作用，使双方求同存异，使教学环节更具创造性、灵活生动。这种互动性主要表现在师生间互动与学生间互动两个方面，两者之间相互协调渗透。例如多媒体示范教学可以减少讲授与操作的时间差，提高老师的讲课效率；教师不仅应当在教学中起到示范作用，也应当对学生进行合理的分组，注重生生间的互动合作，有助于提高小组成员的设计能力。当小组设计成果汇报演示完毕后要及时进行评价，找出不足以及给出相关建议，实现合作能力与专业能力的突破。同时也要注意的是，为构建一个生动活泼、教学高效的课堂，在运用互联网

进行建筑制图 CAD 授课的规模上，小班授课即上课人数不宜超过 30 人更有利于保证教学质量。某种程度上，基于互联网的互动教学模式从赛博空间（cyberspace）与课堂空间两个维度实现了从教学内容到组织形式的进化与发展。

3．"CAD+X"互动教学模式探索

3.1 互联网平台应用实践

（1）微信平台的支撑。微信（WeChat）是腾讯公司于 2011 年 1 月推出的一款基于互联网跨平台的通信工具，支持单人、多人参与，通过手机网络发送语音、图片、视频和文字，具有方便、快捷、及时的特点。将这种新型交流平台应用于对建筑 CAD 制图的教学，相对于传统的建筑 CAD 制图教学模式有显著的新特点，为教学模式的创新提供了支撑。在笔者实际的教学过程中，基于微信的特点和建筑 CAD 制图的实际需要，我们设计了 CAD 课程微信公众平台框架（图1）。在该框架中主要在多方跨平台间实现教学辅助、成果分享与互动统计三个主要功能。

具体而言，本框架中教学辅助功能具体是通过 CAD 课程微信公众平台，将来源于教师或者互联网的相关的图文资料向学生的分享，作为教学内容的补充。由于关注课程微信公众平台的不仅仅包括本学期正在学习本课程的学生（图1中的"本期学生"），也包括此前完成本课程学习的学生（图1中的"往期学生"）。成果分享功能具体是通过 CAD 课程微信公众平台完成跨年级、跨专业和广域的成果分享。本期学生可以将本学期完成的课程设计成果分享到微信公众平台；关注该课程公众平台的往期学生，甚至已经毕业走上工作岗位的往期学生也可以将相关的好的案例分享到微信公众平台。这些分享的成果不但是面向授课教师、本期学生之间、本期与往期学生之间，甚至是向更广阔的互联网用户都有分享、展示、互动的作用。此外，课程微信公众平台也为消息互动、

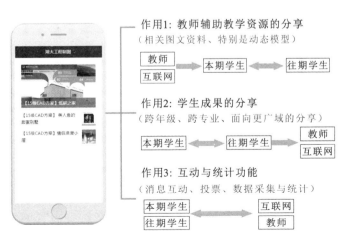

图1 CAD 课程微信公众平台框架

学生设计作品评选投票、资料阅读人次数和分享人次数的统计等功能提供了支撑。

（2）互联网资源的辅助。随着互联网技术特别是移动互联网技术的快速发展和全面普及，一方面，来源于互联网的网络资源呈现出数量巨大、形式多样的特征；另一方面，及时将有价值的资源送达到智能用户端也成为可能。在传播途径上，研究者搭建的 CAD 课程微信公众平台能较好地发挥信息渠道功能。然而，尽管有了传播渠道的支撑，但如何在这些海量资源中筛选出有价值的精华部分从而为建筑 CAD 制图教学提供有力的辅助是任课教师需要面对的首要问题。目前，我们利用的互联网资源主要包括四个层面：一是紧密围绕课程的核心资源，如课堂上教师反复强调的简单空间几何体、复杂空间几何体模型等（大概占50%）；二是和整个专业学习相关的课外阅读、学习资源，如对于建筑风格的分类、当前典型房地产开发案例、3D 打印在建筑领域的应用等（大概占比 25%）；三是和整个行业相关的课外阅读、学习资源，如对于中国当下各种重大工程项目介绍的纪录片资料等（大概占比 15%）；四是偶尔也会分享一些对于学习习惯养成和学习方法等相关的阅读资料或者视频。由于建筑 CAD 制图课程的学习对象往往是大一新生，以上四个方面的辅助资料的搭配可以利用建筑 CAD 制图课程平台，对本专业学生课程学习、专业的认识、行业的认识、学习习惯的养成产生"四位一体"的助益性。

（3）应用情况统计。从 CAD 课程微信公众平台的创建、测试与运行的三个月内的统计数据来看，累积受关注人数持续增加（图2）。具体人数变化特点：在测试期结束，正式运行的时间节点，关注人数首次快速增加；在运行一个月后再次快速增加；进入第 2 个月后，关注人数持续稳定增加。CAD 课程微信公众平台创建同期课程课堂学习人数为 51 人，而课程公众平台 3 个月后累积关注人数达到课堂学生人数的 3 倍。经过对关注用户成分的分析，除了本学期学习本课程的学生，关注者中还包括往年以及完成本专业学习的学生、关注本课程的其他学生以及学生的家长或朋友、本专业合作实习单位的工作人员、除任课老师以外的其他相关老师等。总之，不同类型的关注者通过课程微信公众平台形成了以学生为核心、以专业为依托、以 CAD 课程为载体的"学习—关注共同体"。

此外，微信公众平台消息发送次数为关注者主动发送消息的总次数。从课程微信公众平台从创建、测试到运行的 3 个月时间来看，消息发送次数逐月提高，说明互动频率增加（图3a）。而微信公众平台人均发送次数为消息发送总次数与消息发送的用户人数的比值。从该比值的占比来看，人均送达 1~5 次占比最多，超过 75%，而还有 20% 和 5% 的人，人均送达次数分别达到 6~10 次和 11~15 次（图3b）。

3.2 互动教学主题设计实践

（1）形式的多样性。互动教学打破了传统单一化的教学形式，通过多样化的形式更好地调动学生的学习积极性，并在学习过程中相互作用与相互影响。互动教学形式的设计是否合理对教学效果起到至关重要的作用。对于互动教学形式的设计，既要打开思路，又要切合实际，同时还要不失时代感。例如，笔者曾经在教学实践中引导、组织学生基于 Google SketchUp、Google Earth 开展 "创建家乡地标建筑"、"创建虚拟校园" 等互动

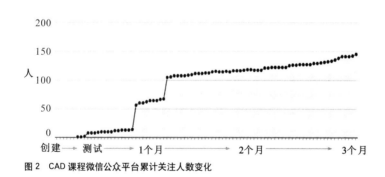

图2　CAD 课程微信公众平台累计关注人数变化

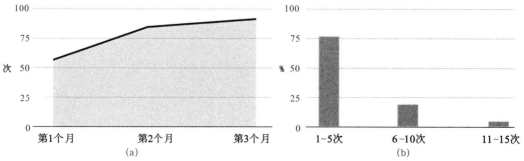

图3　CAD 课程微信公众平台消息发送次数（a 图）；人均送达次数占比分布图（b 图）

实践活动[5]。该互动实践模式利用学生熟悉的空间场景，合理调用 Google Earth 中的地图以及 Google SketchUp 在线模型库中的模型，简化建模过程，让学生迅速掌握基本组合体建模技术的同时获得学习的自信心。此外，笔者近年在建筑制图 CAD 教学实践中设计并逐步完善的"梦想家"主题的分组互动教学环节，在第一阶段课外观看"梦想改造家"节目并课上进行评析；第二环节完成为设定客户梦想家装设计任务并通过课程微信公众平台完成评选与分享。

（2）团队合作与竞争。根据互动教学理论，课堂就是一个微观的社会，教学是课堂中各种角色间相互作用和相互影响，并发挥其各自功能的过程[15]。和传统的教授知识为主的教学模式相比，学生在互动教学中的主体性地位更加明显。在建筑制图 CAD 教学实践中，提高互动教学效果的关键在于如何通过合理有效的形式让学生的主体性在彼此间的相互影响过程中最大地体现出来。实践发现，合作与竞争是最好的相互作用方式，而组建团队是最好的组织方式。在具体的操作过程中，类比社会化市场分工，鼓励每个学生团队以"设计公司"（或"设计工作室"）的形式存在，并且每个"公司"有自己的发展理念与口号，以及"CEO"、"总工"、"创意总监"、"策划总监"等不同角色，更加社会化的角色设定不但提升了团队内合作的效率，也增加了团队间的竞争激烈程度。

（3）兴趣与创新。学生在课堂上的学习行为表现可以视为学生自身内在张力与外部环境张力场的相互作用的结果。无论是基于互联网的课程微信公众平台，还是新颖、多样的互动教学形式的设计，都是为了实现建筑制图 CAD 课程教学外部环境张力场的形成，并进一步激发学生的内在学习张力，实现内外张力的良性相互作用。而这一过程中的核心切入点就是学生的学习兴趣，或者更准确地说是学生参与并更好完成互动教学的原生动力。互动教学将更多的空间设定在课外，而不是课内。如果不能激发学生强烈的参与和进取的欲望，将无法实现预期效果。如果学生对于互动教学充满兴趣，不但决定了对于互动教学参与的积极性、思维的活跃程度、思想的解放程度、主动扩展知识的张力，最终也推动了自主创新能力的提升。

3.3 "CAD+X"培养模式

有了互联网信息平台的支撑，以及设计合理、形式多样的互动教学模式的引导，建筑制图 CAD 教学对于学生的培养往往更加开放。在具体教学实践中，由于对于 CAD 的实际操作能力的培养是课程的基本要求，但互动教学开展并不以此作为学生的学习边界。至于是否突破这一边界，该朝哪个方向进一步延伸，并不做强制要求。作为任课教师，在有限的课堂时间内完成对于 CAD 基本操作的引导教学后，即进入互动教学环节，完成"场景"、"任务"、"角色"的设计引导。学生在自愿分组的基础上，依据实际情况自由平等协商各自具体对应的目标、实现方法与分工。在合作竞争机制下，学生往往会感到 CAD 的局限性，并尝试学习更多的知识与工具去完成本组既定的目标。而这一过程，往往是自发的，并在课外完成。笔者根据教学实践，将这样的培养模式总结为"CAD+X"培养模式（图4）。通过对近年互动教学实际开展情况来看，"X"的具体所指因"组"因"人"而异，除了办公软件，大致还涉及基础建模工具（如：SketchUp）、位图处理工具（如：Photoshop）、除 CAD 外的其他矢量图工具（如：CorelDraw）、视频剪辑工具（如：会声会影）等。少数甚至包括应用一些游戏软件（如：SIMS、SIMCITY、Minecraft、Cities XXL 等）完成模型与场景的构建。

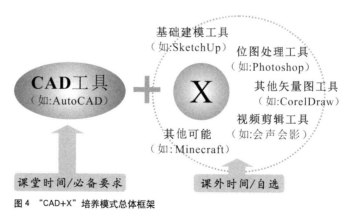

图4 "CAD+X"培养模式总体框架

4. 小结与讨论

通过本文的论述以及对实际建筑制图 CAD 教学中基于互联网互动教学实践探索的分析，得到了以下主要结论。

（1）将课堂学习延伸到了课外以 CAD 为核心完成向"X"学习的延伸，培养学生形成独立的主体意识，激发学生对科学知识的探究和好奇好胜心理。教师应当考虑到不同学生的学业成绩、家庭背景、兴趣爱好、情感或心智因素，对不同学力水平的学生设置不同的教学目标，尊重学生个体差异使其学有所得。实践证明，一次良好互动教学的开展，往往教学效果超越既定的教学目标，即使学生自发花费大量课外时间，但仍觉得"有趣"，并享受其中。

（2）为利用互联网各类资源丰富的教学内容、实现教学辅助提供了支撑。构建面向建筑制图 CAD 课程互联网教学平台，既能有效利用互联网的多形态海量资源，又能完成依据实际教学进度、教学要求对于资源有效性的筛选和实时送达。特别是对于建筑制图 CAD 这样强调学生空间思维能力的课程，基于互联网平台的多维多视角形式、静态与动态形式的空间表达模型能在实际教学中起到有效的辅助作用。

（3）有利于通过多方跨平台交流构建多维共享模式。基于互联网平台的分享功能，课堂教学的对象界线被打破，跨年级跨专业的学生、任课老师与其他老师、学生家长、企业合作伙伴等都能参与到教学过程与结果的信息分享中来。这种信息资源交流过程打破了物理空间的分割，畅通了信息沟通渠道，真正实现了以课程为核心的多维、实时共享。

（4）在积极性的驱动下通过竞争合作与多方互动实现自主创新与动手实践能力的双重提升。有效的互动教学组织形式，同学良性的竞争合作，既能激发学生的内在学习动力，又能实现内外张力的良性相互作用。通过充分调动学生的积极性和协作性，能突破课内教学时长无法满足教学目的的限制，同时也能充分发挥学习潜能，并在过程中实现自主创新能力与动手实践能力的双重提升。

（基金项目：国家自然科学基金项目，项目编号：71774066，41641007，41401631；湖北省高等学校省级教学研究项目，项目编号：2015219；湖北省教育厅人文社科项目，项目编号：17Y014；中国地质大学（武汉）高等教育管理研究青年课题资助，项目编号：2015GJB12）

注释：

[1] Syed Sheriff R J, Bass N, Hughes P, et al. Use of interactive teaching techniques to introduce mental health training to medical schools in a resource poor setting.[J]. African Journal of Psychiatry, 2013, 16 (4)：256—63.

[2] Yang K T, Wang T H, Chiu M H. Study the Effectiveness of Technology—Enhanced Interactive Teaching Environment on Student Learning of Junior High School Biology.[J]. Eurasia Journal of Mathematics Science & Technology Education, 2015, 11 (2)：263—275.

[3] Kennewell S, Tanner H, Jones S, et al. Analysing the use of interactive technology to implement interactive teaching[J]. Journal of Computer Assisted Learning, 2008, 24 (1)：61 73.

[4] Burch J. Architectural Drawing：the culture of learning an unstable currency[J]. Charrette, 2014, volume 1；20—35 (16)．

[5] 张祚. Google SketchUp 在建筑专业画法几何教学中的应用及实例研究 [J]. 高等建筑教育, 2013, 01：155—160

[6] 吴蔚.《建筑 CAD》课程教学改革探索与实践 [J]. 知识文库, 2016, 15：137.

[7] 赵冰华. 高校建筑专业 CAD 课程教学研究与改革 [J]. 高等建筑教育, 2009, 06：95—97.

[8] 吴慕辉.《建筑制图与 CAD》教学方法的研究和实践 [J]. 湖北第二师范学院学报, 2012, 08：121—123.

[9] 李红. 翻转课堂教学模式在建筑 CAD 课程教学中的应用 [J]. 教育与职业, 2016, 04：97—99.

[10] 郑铭, 陈历, 林颖. 基于"微课 + 微信"的思政课数字化互动教学模式初探 [J]. 湖北经济学院学报（人文社会科学版）, 2016, 08：188—190.

[11] 邹小青. 基于微信的对外汉语互动教学模式探究 [J]. 教育与职业, 2015, 25：97—100.

[12] 王今殊, 王进欣, 邢伟, 仲崇庆. 海量网络信息教学资源的优化整合——以地理学为例 [J]. 河北师范大学学报（教育科学版）, 2010, 02：125—128.

[13] 夸美纽斯, 任钟印. 大教学论 教学法解析 [M]. 人民教育出版社, 2006.

[14] 查有梁."交流 - 互动"教学模式建构（下）[J]. 课程. 教材. 教法, 2001, 05：27—31.

[15] 孙泽文. 课堂互动教学研究 [D]. 华中师范大学, 2008.

作者：张祚（第一作者），博士，华中师范大学公共管理学院 副教授；周敏，博士，华中科技大学公共管理学院 副教授；罗翔（通讯作者），华中师范大学公共管理学院 副教授；陈彪，中国地质大学高等教育研究所 副研究员；刘艳中，博士，武汉科技大学资源与环境工程学院 副教授

城市设计课程教学改革初探

——以英国爱丁堡城市设计课程为例

李冰心　　洪再生

Explorations on Teaching Method of Urban Design Course: Based on the Urban Design Program in Edinburgh University

■摘要：城市设计课程是建筑学和城市规划专业的重点课程之一，结合在英国爱丁堡大学留学期间，学习城市设计课程的经历，以及回国后教授城市设计课程的经验，借鉴国外以调研和研讨为主的教学形式，以及对于过程分析图纸的重点培养方式，有针对性地进行城市设计课程教学改革，从调研框架，植入主题和中期评图三个不同设计阶段介入，进行重点改革，并且结合改革内容调整评分机制，形成新的城市设计课程教学改革。

■关键词：城市设计　调研框架　设计主题　中期评图

Abstract：Urban design is one of the most important courses that constitutes the Architecture and Urban Planning program. Based on the urban design study experience in Edinburgh University of Scotland and the teaching experience gained in China, the author intends to develop a new way of teaching method for Urban Design course at home. The research-based and seminar-based teaching mode and the focus on the students' analysis capability that are leant abroad would be referred in this paper. According to the present practical education situation, the teaching reform will be carried out in three parts at each stage of the design process：the field-trip report structure, design theme implement and the mid-term review. A modified assessment mechanism will also be included to ensure the effectiveness of this new urban design teaching reform.

Key words：Urban Design；Research-Structure；Design Theme；Mid-Term Review

　　城市是社会发展的物质容器，是文化、政治、经济等不同因素构成的综合体[1]。因此，城市设计其实是一门研究城市物质形态如何形成以及更新过程的学科。梁思成先生在20世纪40年代去美国考察，回国后在清华大学提出了"物理环境"（Physical environment）的办学主张，成为了城市设计课程的雏形[2]。自2013年以来，城市设计成为城乡规划和建筑学两个专业的核心课程之一，并被纳入了本科四年级的教学计划[3]，全国高等学校专业指导委员会统计显示，目前参与城市设计作业评优的院校约80所。城市设计立足于城市体型环境研究，关心城市空间中存在的社会问题[4]，这也是为什么曾经依托城市规划专业的附属课程，如今却能够立足于建筑与规划两个专业当中。

一、国内城市设计课程中学生面临的主要问题

1．前期调研不足

建筑专业本科生一至四年级的设计题目主要是：宿舍设计、图书馆设计、居住小区设计等，从名称就可以看出，这些设计内容不仅目的明确，且任务书中对空间功能的要求也十分具体，所以对于首次接触中观尺度题目的学生来说，往往不知道如何开展前期调研，调研汇报多是对场地物理条件的简单的介绍，往往没有推动设计的信息结论，从而无法激发设计热情。

2．设计主题模糊

由于没有清晰的调研结论，在调研分析结束后，学生往往进入恶性循环的第二阶段，随意嫁接异质的设计方法进行含糊设计。此阶段学生往往依靠大量的案例分析，寻找设计突破口，和任务场地严重脱节。学生往往只注重作品的最终表达形式，然后"空降"一些外表光鲜的建筑，只符合场的"貌"，不符合场的"神"。

3．过程表达草率

在方案设计过程中，由于课程的评分方案没有对过程图纸有明确的要求，学生往往只在乎最终图纸的表达，而忽略方案的生成过程图纸。这种本末倒置的设计做法，严重影响了最终的设计深度，导致学生在效果图上花费的经历甚至多过分析图纸，方案概念分析图纸（diagrams）往往存在凑数以及图不达意的问题。

二、爱丁堡大学城市设计课程

苏格兰爱丁堡大学建筑学专业隶属于爱丁堡大学艺术学院（以下简称ESALA），学院始建于18世纪70年代，历史悠久，以培养学生的实践、创新、创造以及合作的能力为办学宗旨。学院共分为建筑与风景园林、艺术、历史、设计以及音乐五个专业，共有学生3000余人，教职人员300人。其中，建筑学专业在2016年的全英建筑学专业排名中位居第三名，仅次于巴斯和剑桥两所大学[5]。

1．城市设计课程特点

课程周期为期一年，共分为三个学期。课程强调理论学习对于设计指导的重要性，因此每一年都会设置不同的大方向主题，为设计工作室的实践项目提供理论支持，从而提高学生的学习热情。课程设置方面总共有四个特点：

1）主题设定

每一年的课程都会设定一个总的主题，主题的设定都比较宏观，以避免局限学生的思维，主题将作为整个课程的总体方向。第一学期开学之前，导师会提前给出推荐阅读书单（reading list），以便学生迅速进入状态。如2011年的主题为"生态"，强调通过分析环境、社会习俗和人的主体性之间的内部关系，来探索城市的建筑和景观之间的联系（图1）。

2）调研安排

每年该课程都会安排一个英国城市（学生自选）以及一个境外城市（导师确定）作

图1　设计主题与学生作品

图2 学生在调研场地进行调研汇报

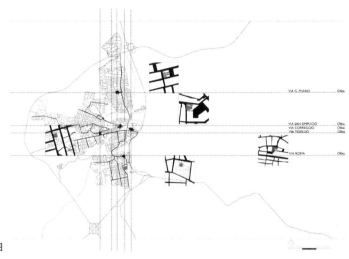

图3 作者在调研期间绘制的分析图

为项目地点。如2011年境外城市为意大利的奥尔比亚（olbia，意大利撒丁岛东北岸一港市）。学校会安排学生统一到选址城市进行集中调研（1~2周），并且直接在当地完成具有一定深度的项目调研汇报（图2，图3）。

城市设计的宗旨在于激发城市活力，只有深入的调研方能了解人的活动特点，才能真正成为城市的活力触媒。很多高校都强调设计前期调研的重要性，但是很少真正做到这一点。对场地调研的高度重视也是爱丁堡大学建筑学专业的一大特色，并且多年来一直沿用至今。

3）团队合作

国际化的建筑市场对于合作性的要求逐年增高，这就要求学生在提升个人设计能力的同时，更要具有团队合作意识。所以课程要求学生进行多次分组研究，从多人一组调研，到2~3人一组设计，最后到个人方案深化，让学生意识到合作的重要性。

2. 课程设置

课程共设置了三个学期，每学期均有一个设计需要完成，三个设计项目具有一定的相关性，同时还要完成2~3门理论课的学习，总共需要修满180学分（图4）。

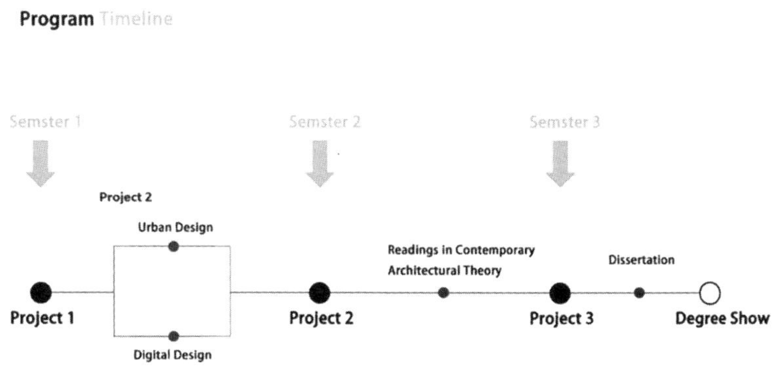

Program Timeline

Semster 1   Semster 2   Semster 3

Project 2

Urban Design

Readings in Contemporary
Architectural Theory

Dissertation

Project 1   Project 2   Project 3   Degree Show

Digital Design

图4 爱丁堡大学城市设计课程安排

图5　城市设计专业不同工作室的学位展

从上述教学安排中可以看出，课程环节层层相扣，采用了研究式（Research-based）和研讨式（Seminar-based）而非任务式（task-based）的教学方法，着重培养学生的问题分析能力。爱丁堡大学强调理论学习的重要性，将理论课与实践课的部分结合在一起，从而增加了学生主动学习的兴趣，同时也推进了项目的设计深度。从学生的最终成图可以看出，展示设计理念形成的分析图远远多于最终效果的渲染图，与中国学生常用的以一点透视或是鸟瞰渲染图为主图的画图方法截然不同，从这一点就可以反映出国外的教学过程中，对于设计发展过程的强调和重视程度（图5）。对比国内外城市设计课程教学方法上的区别，取长补短，吸取爱丁堡大学教学方法中对于研究与研讨的重视，以及设计中后期对于方案形成过程的强调，进行城市设计课程教学改革。

三、国内城市设计课程改革初探

在城市设计的教学过程中，国内主要采用传统的任务型教学方法，大多根据专指委规定的城市设计竞赛的范围，布置5~20hm² 的城市设计任务，以成组或单人的形式进行设计，经过几轮方案修改后，最后通过图纸和模型进行表达。笔者回国后从事城市设计课程教学工作，结合自身的教学经验，从以下三个方面进行了相关的课程改革，并且每个方面都提出相应的阶段性教学技巧：

1. 制定调研框架（research）

由于大部分学生在首次接触城市设计任务的时候，并不熟悉城市设计调研的步骤和方法，所以在前期调研阶段，教师应给出学生调研内容的基本框架以及要求，并且进行调研基础方法的讲解。然后将学生按照区位背景（location-G1）、场地交通（Circulation-G2）、平面布局（Layout-G3）、用地功能（Landuse-G4）以及景观环境（Landscape-G5）分为五组进行有趋向性的调研（图6）。学生以老师的调研框架作为基础，根据自身调研的实际情况，进行进一步丰富扩展。调研结束后，以3~5人为一组，进行各自的专题汇报，老师在听取学生汇报的过程中，强调每一个专题的结论性总结，让学生从限制条件和发展潜力正反两个反面进行总结，并且提倡有想法的同学，在汇报结尾处以概念图纸的形式给出设计意向（option test），从而更好地激发学生进行头脑风暴。同时，专题的设置也大大降低了雷同作业出现的几率。

阶段技巧：在有条件的情况下，鼓励学生以班级为单位，制作统一比例的城市尺度沙盘模型（1：1000~1：2000）。因为学生普遍对于城市尺度的概念认识模糊，从以往的方案中体现出学生对于尺度把握的不足，因此，在方案初期进行沙盘模型的制作不仅可以培养学生之间的合作能力，更能让学生更好地了解地块结构。而且，固定比例的沙盘模型，也为后期的方案比较奠定了基础。图7是作者所教授的班级统一制作的1：1500的场地沙盘，图8是班级五个小组和模型的布局平面图，学生可将沙盘置于教室的中间，方便学生随时进行尺寸参照，上课的过程中也便于学生汇报使用。

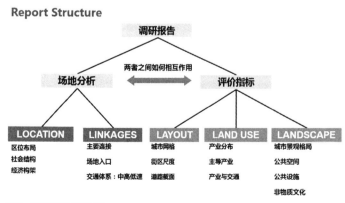

图6　调研报告基本框架

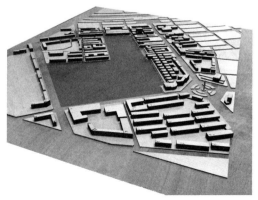

图7　班级公共沙盘

2.分组植入主题（theme）

五个组共享前期调研的资料，然后以研讨的形式分组对场地进行SWOTS分析，进行头脑风暴，每个组分别确定自己的研究方向。此研究方向将作为组内的设计主题，贯穿于整个设计。随后每组的每一个学生，根据自己组所设定的主题，有针对性地选取3~5个案例，进行以个人为单位的案例分析汇报。要求每个学生必须阐明所选案例与自身方案之间的关系，并且通过手绘的形式，

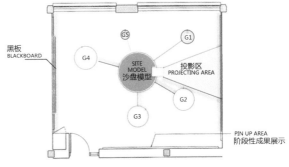

图8　班级布局平面图

阐释自己的设计理念。老师针对学生所在组的研究方向和设计理念，给出指导意见。作者所教授的班级共有学生22人，每组4~5人，每组将自己的设计方向和主要参考案例列在了班级黑板上，以方便每组同学在以后的设计中牢记自己的主题（图9）。

阶段技巧：由于每个小组的成员人数有多有少，进行小组分工的时候难免出现个别学生偷懒的情况，因此建议将分组成员，研究方向，所选案例和战略决策四个方面分别列在班级的黑板上，这样不仅有利于强调团队性，也将设计主题的引导性增强，时刻提醒学生自己所在小组的战略选择，有的放矢地进行设计。这种做法有利于规避过去传统教学过程中，过于自由随性的切入手法，防止学生以单纯追求奇奇怪怪的空间形式，而忽略了城市设计的本质——并不是博人眼球，而是解决实际问题，为人们提供更好的生活。

3.安排中期评图（review）

在传统的评分制度和授课方式中，通常是依靠老师的强调和学生的自觉来强调这两部分的内容，导致学生忽略分析过程，只重视设计结果。为了进一步强调方案发展过程的重要性，同时也为了更好地确保设计进度，在进入设计周之前，安排一次较为正式的中期评图（midterm-review），要求学生绘制具有一定深度的图纸（以分析图diagram为主），同时要制作和沙盘模型同一比例的概念模型（草模），每个学生有15分钟的汇报时间，鼓励学生利用动画等多媒体形式进行概念表达（图10）。

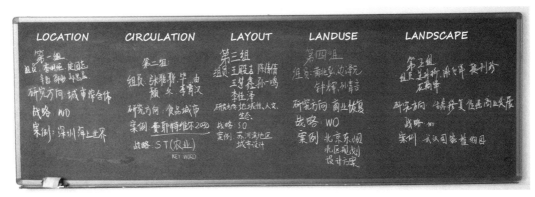

图9　分组确立研究方向

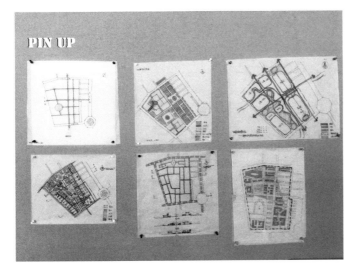

图10　PIN-UP展示墙

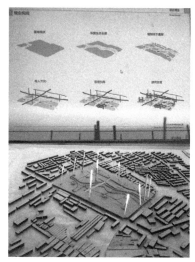

图 11　学生在进行中期汇报

为了提高学生的重视程度，教师将前期汇报、案例分析、中期评图以及最终的成果统统纳入到评分体系中，防止学生前中期"放羊式"设计，后期以完成作业为目的"突击式"画图。作者是以前期报告（10%）+案例分析（10%）+中期评图（30%）+出勤率（10%）+最终评图（40%）的比例进行分配的。可以看出，设计周前期的工作量占了学生总分的60%，这也就意味着如果学生不能够很好地完成该阶段的工作，那么就算最终图纸获得满分，也无法及格。

阶段技巧：每次看图，老师会选择一些具有代表性的阶段性成果挂起来（pin-up）进行全班展示（图11），同时也可以每个小组选出最佳组员，进行适当加分奖励，主要起到激发大家学习热情，防止部分学生出现不愿或不屑与人分享的不良情绪，促进学生之间相互学习的作用。

四、城市设计课程改革初步成果展示

在合理调研分析问题的基础上，由于有前期主题的设定作为保障，五组学生都能很好地根据组内设定的主题进行深入设计（图12），提高进入设计状态的效率，并且在后期对分析图纸的强调，能做到大部分学生都找到针对某一问题而形成的具有一定特点的发展模式，较为有效地抑制了以往设计中求全求广导致深度欠缺的问题。

　　　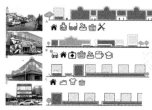　

G1：城市综合体　　　G2：农产品研发　　　G3：河道文化　　　G4：混合型商业　　　G5：生态廊道

图12　五组学生作品

五、结语

爱丁堡大学的城市设计课程的教学方案，为我国城市设计的教育提供了一种新的尝试方向。但是毕竟英国教育体系和我国国情有很大不同，所以有必要结合国内城市设计课程的具体情况，以及国内学生的特点进行有针对性的调整。本文借鉴爱丁堡大学调研和研讨为主的教学形式，并且结合国内的评分体系进行了一系列的改革初探。在未来的持续教学方法改革中，会进一步在理论课方面，安排一些和设计题目相对应的理论课程，如城市形态理论，应用生态学等，加深学生设计的研究深度；同时在城市设计课程方面，进一步强调信息数据在调研中的应用方法，以及电子技术对于设计表达的辅助作用，进一步提高学生的创造力和表达能力，加宽学生的思考广度。希望通过逐步的城市设计课程改革，做到博采众长，将国际先进经验中国化，培养出真正具有创新精神和适应时代需求的城市建设者。

致谢：文章中所涉及的国内大学课堂实践内容，由作者和吉林建筑大学的赵宏宇副教授、李海滨老师通过几轮配课共同完成，特此表示感谢。

（基金项目：2016年教育厅教研重点项目"以学科竞赛为导向的设计课程教学中研究性创新能力提升训练研究"，项目编号：JYT201603）

注释：

[1] 魏泽崧，潘彩霞，孙石村.城市设计教学中数据库的建立技巧与策略[J].装饰，2016(01)：87-89.

[2] 高源，马晓甦，孙世界.学生视角的东南大学本科四年级城市设计教学探讨[J].城市规划，2015(39)：44.

[3] 黄健文，刘旭红，池钧.城市设计课程多维融合式教学模式初探[J].华中建筑，2016(04)：169.

[4] 梁江，王乐.欧美城市设计教学的启示[J].高等建筑教育，2009(18)：3-8

[5] 全英大学指南官方网站排名详见：http：//www.thecompleteuniversityguide.co.uk/league-tables/rankings?s =Architecture &y =2016.

作者：李冰心，天津大学建筑学院博士生，吉林建筑大学　助教；洪再生，天津大学建筑设计规划研究总院　院长，教授，博士生导师

2017《中国建筑教育》·"清润奖"大学生论文竞赛

获奖名单

颁奖典礼于 2017 年 11 月 4 日在深圳大学举行

编者按：在全国高等学校建筑学专业指导委员会的指导与支持下，由编辑部、专指委、中国建筑工业出版社、北京清润国际建筑设计研究有限公司共同主办的《中国建筑教育》"清润奖"大学生论文竞赛，已连续举办了四届。2017 年的联合承办单位为天津大学建筑学院。

大学生论文竞赛辐射所有在校大学生，涵盖三大学科及各个专业，目的是促进全国各建筑院系的思想交流，提高各阶段在校学生的学术研究水平和论文写作能力，激发学生的学习热情和竞争意识，鼓励优秀的、有学术研究能力的建筑后备人才的培养。通过前面三年竞赛的举办，我们认为基本达到了这一预定初衷，取得了较好的成效。

2017 年的竞赛由天津大学组织出题，出题工作组共提出 10 个竞赛题目，经过 13 位竞赛评委的激烈讨论，最终选定"热现象·冷思考"作为今年的竞赛题目（出题人：赵建波、张颀），并对题目给出了深入浅出的解读和提示。城市与建筑的热点问题、项目案例、新鲜话题、焦点问题等都可以纳入写作关注范畴，例如，共享单车、菜市场这些与大众生活息息相关的事物都可以成为写作对象，成为论文的选题。本次论文竞赛获得各院校学生的积极响应。到 9 月 19 日截稿时间，我们共收到稿件 351 篇（其中，本科组 172 篇，硕博组 179 篇），相比去年有大幅度的提升，涵盖了中国内陆 76 所院校，以及来自境外 4 所高校（香港中文大学、美国夏威夷大学、新加坡国立大学、日本北九州市立大学国际环境工学部）的投稿。

论文竞赛的评选遵循公平、公开和公正的原则，设评审委员会。竞赛评审通过初审、复审、终审、奖励四个阶段进行。今年参加评审工作的评委和老师有（以姓氏笔画为序）：马树新、庄惟敏、刘克成、孙一民、李东、李振宇、张颀、姚栋、董慰、梅洪元、韩冬青、彭长歆等，评委由老八校以及主办单位的专家、学者组成。初审由《中国建筑教育》编辑部进行资格审查；复审和终审主要通过网上评审与线下评审结合进行。全过程为匿名审稿。

2017 年 11 月 4 日，"2017《中国建筑教育》·'清润奖'大学生论文竞赛"在全国高等学校建筑学专业院长系主任大会上，完成了颁奖工作。颁奖仪式由建筑学专业"专指委"委员沈中伟教授主持，我社总编辑咸大庆为论文竞赛做活动点评。我社总编辑咸大庆、副总编辑王莉慧，"专指委"主任王建国院士，北京清润国际建筑设计研究有限公司总经理马树新，华南理工大学建筑学院院长孙一民，天津大学建筑学院副院长孔宇航，大连理工大学建筑与艺术学院院长范悦，以及深圳大学建筑与城市规划学院院长仲德崑和其他学院领导，分别为获奖学生颁奖。

2017 年，论文竞赛本科组和硕博组各评选出一等奖 1 名、二等奖 3 名、三等奖 5 名，以及优秀奖若干名（本科组 16 名，硕博组 19 名），共 53 篇论文获得表彰。其中，本科组一等奖由天津大学建筑学院张璐同学（指导老师：张天洁）获得，硕博组一等奖由北京交通大学刘星同学（指导老师：盛强）获得。这些论文涉及 29 所院校，共 71 名学生获得奖励。获奖证书由学生所在院校老师上台代表获奖学生领奖。奖金发放工作将于近日由《中国建筑教育》编辑部协同北京清润国际建筑设计研究有限公司执行。同时，依照院校的参赛论文数量，在参赛院校中评选出组织奖 5 名，获奖院校分别为：昆明理工大学建筑与城市规划学院；同济大学建筑与城市规划学院、天津大学建筑学院、合肥工业大学建筑与艺术学院、武汉大学城市设计学院。其中，武汉大学城市设计学院针对这次竞赛，专门为学生开设了论文竞赛培训，并获批为本科生学科竞赛资助项目，同时受武汉大学教改项目资助。这一做法值得提倡和学习。

2014、2015 两届竞赛的获奖论文及点评图书——《建筑的历史语境与绿色未来》，已于 2016 年 10 月份由中国建筑工业出版社出版。这本论文点评包含 36 篇获奖论文、150 余篇精彩点评。范围涵盖 40 余位竞赛指导老师点评、13 位竞赛评委点评、多位特邀评委点评、40 余位作者心得体会。论文的指导老师就文章成文及写作、调研过程，乃至优缺点进行了综述，具有很大的启发意义。论文竞赛评委以及特邀专家评委对绝大多数论文进行了较为客观的点评，这一部分评语因为脱开了学生及其指导老师共同的写作思考场域，评价视界因而也更为宽泛和多元，更加中肯，"针砭"的力度也更大。从这个层面讲，本书不仅仅是一本获奖学生论文汇编，更是一本关于如何提升论文写作水平的具体而实用的写作指导。该获奖论文点评图书计划每两年一辑出版，此为第一辑。2016 年和 2017 年的竞赛获奖论文点评也即将编辑出版，2018 年 10 月左右与大家见面。

明年的竞赛题目将由同济大学建筑与城市规划学院出题，在 2018 年 4 月前后公布，欢迎大家关注。竞赛题目将会通过《中国建筑教育》官网、官方微信平台、新浪微博以及相关出版物对外发布，欢迎各院校向编辑部致电（010-58337043）索要竞赛海报电子版。

本册选登了硕博组、本科组的一等奖论文，竞赛评审委员、获奖学生作者及指导老师分别对获奖论文进行了点评或心得回顾，以飨读者。

希望这样一份扎实的耕耘成果，可以让每一位读者和参赛作者都能从中获益，进而对提升学生的研究方法和论文写作有所裨益！

颁奖场合：2017建筑教育国际学术研讨会
暨全国高等学校建筑学专业院长系系主任大会

我社总编辑咸大庆为论文竞赛做活动点评

我社总编辑咸大庆、建筑学专业"专指委"主任王建国院士分别为本科组、硕博组一等奖颁奖

硕博组获奖名单

获奖情况	论文题目	学生姓名	所在院校	指导老师
一等奖	不同规模等级菜市场分布的拓扑与距离空间逻辑初探	刘星	北京交通大学建筑与艺术学院	盛强
二等奖	城乡结合部自发式菜场内儿童活动的"界限"研究——以山西运城张家坡村村口菜场为例	钱俊超；周松子	华中科技大学建筑与城市规划学院	孙子文
二等奖	历史景观的再造与专家机制——以郑州开元寺复建为例	周延伟	南开大学文学院艺术设计系	薛义
二等奖	街区更新中第三场所的营造过程与设计应对——以上海市杨浦大学城中央街区为例	陈博文	同济大学建筑与城市规划学院	彭震伟
三等奖	高密度住区形态参数对太阳能潜力的影响机制研究——兼论建筑性能化设计中的"大数据"与"小数据"分析	朱丹	同济大学建筑与城市规划学院	宋德萱；史洁
三等奖	旧城恩宁路的"死与生"——社会影响评估视角下历史街区治理的现实困境	赵楠楠	华南理工大学建筑学院	费彦；邓昭华
三等奖	我国传统民居聚落气候适应性策略研究及应用——以湘西民居为例	叶葭	天津大学建筑学院	王志刚
三等奖	对中国现代城市"千篇一律"现象的建筑学思考——从城市空间形态的视角	顾聿笙	南京大学建筑与城市规划学院	丁沃沃
三等奖	共享便利下的城市新病害：共享单车与城市公共空间设计的再思考	袁怡欣	华中科技大学建筑与城市规划学院	雷祖康
优秀奖	近代建筑修复热潮下忽视材料原真性之冷思考	张书铭	哈尔滨工业大学建筑学院	刘大平
优秀奖	历史印凿·族系营造——湖南永州上甘棠村聚落形态的图译及其更新序列研究	党航	湖南大学建筑学院	何韶瑶
优秀奖	基于实测的校园共享单车布局可视化研究——以山东建筑大学为例	王长鹏	山东建筑大学建筑城规学院	刘建军；任震
优秀奖	社群、可持续与建筑遗产——以妻笼宿保存运动中的民主进程为例探讨学习日本传统乡村保护经验的条件、问题和适应性	潘玥	同济大学建筑与城市规划学院	常青
优秀奖	生态文明背景下闽南大厝天井空间的地域性研究	刘程明；王莹莹	天津大学建筑学院	刘彤彤；张颀
优秀奖	方位角统计视野下斯宅传统民居朝向分布特征	池方爱	日本北九州市立大学国际环境工学部	Bart Dewancker
优秀奖	生产性养老及城市老年人生产性参与	吴浩然	天津大学建筑学院	张玉坤
优秀奖	空间—行为关联视角下的建筑外部空间更新研究——以天津市西北角回民社区为例	王志强	天津大学建筑学院	胡一可；孔宇航
优秀奖	共享单车与城市轨道交通接驳优化研究——以合肥地铁1号线为例	张可	合肥工业大学建筑与艺术学院	徐晓燕
优秀奖	成都市高新区芳华社区沿街店招适老性指数评价方法及应用研究	刘骥	西南交通大学建筑与设计学院	祝莹
优秀奖	南京老旧小区零散空间系统化分析——以南京王府园小区为例调研	孙源	东南大学建筑学院	朱渊
优秀奖	Comparison of Quantitative Evaluation system between ESGB and EEWH	张翔	哈尔滨工业大学建筑学院 & 新加坡国立大学设计与环境学院	展长虹；刘少瑜
优秀奖	公众参与决策模型在城市更新规划中的应用——以河北省邯郸市光明南大街为例	张建勋；姜建圆	河北工程大学建筑与艺术学院	连海涛；吴鹏
优秀奖	武汉市高校图书馆学习共享空间模式研究	胡浅予	华中科技大学建筑与城市规划学院	彭雷
优秀奖	理论的"过去式"——对绅士化批判的再思考	陆天华	南京大学建筑与城市规划学院	于涛
优秀奖	传统街区整治改造的联动策略链研究——以宜兴市丁蜀镇古南街为例	韦柳熹	东南大学建筑学院	唐芃
优秀奖	基于CiteSpace可视化软件的国内外TOD发展趋势研究综述	卓轩	中国矿业大学建筑与设计学院	邓元媛；常江
优秀奖	城市教育设施引起的居住空间分异研究——以厦门市厦港、滨海街道小学为例	王丽芸	厦门大学建筑与土木工程学院	文超祥
优秀奖	基于共享单车截面流量数据的空间句法分析	杨振盛	北京交通大学建筑与艺术学院	盛强

天津大学建筑学院副院长孔宇航、深圳大学建筑与城市规划学院院长仲德崑、华南理工大学建筑学院院长孙一民、我社副总编辑王莉慧、"清润国际"总经理马树新分别为本科组、硕博组二等奖颁奖

大连理工大学建筑与艺术学院院长范悦、"清润国际"总经理马树新，以及深圳大学建筑与城市规划学院党委书记袁磊、副院长钟中、建筑系主任陈佳伟分别为本科组、硕博组三等奖颁奖

我社总编辑咸大庆和副总编辑王莉慧、"专指委"主任王建国院士、"清润国际"总经理马树新、深圳大学建筑与城市规划学院院长仲德崑分别为 5 名组织奖院校颁奖

本科组获奖名单

获奖情况	论文题目	学生姓名	所在院校	指导老师
一等奖	社会资本下乡后村民怎么说？——以天津蓟州传统村落西井峪为例	张璐	天津大学建筑学院	张天洁
二等奖	由洛阳广场舞老人抢占篮球场事件而引发的利用城市畸零空间作为老年人微活动场地之思考——以武汉市虎泉－杨家湾片区的畸零空间利用为例	冯唐军	武汉工程大学资源与土木工程学院	彭然
二等奖	城市意象视角下乌镇空间脉络演化浅析——基于空间认知频度与空间句法的江南古镇调研	郭梓良	苏州科技大学建筑与城市规划学院	张芳
二等奖	商业综合体所处街道环境对其发展的影响量化研究	陈阳；龙誉天	西安交通大学人居环境与建筑工程学院	竺剡瑶
三等奖	楚门的世界——失智老人的社区环境改造思考与探索	王佳媛；贾燕萍	华中科技大学建筑与城市规划学院；宁夏大学土木与水利工程学院	谭刚毅
三等奖	基于GPS技术的古村落空间节点构成优化策略研究——以安徽泾县查济古村落为例	王嘉祺；刘可	合肥工业大学建筑与艺术学院	李早；叶茂盛
三等奖	真实性：作为传统与现代之间的必要张力——乡建热潮背景下云南地区乡旅关系的再思考	张琛；李雄杰	天津城建大学建筑学院	周庆；陈立镜
三等奖	共享之殇——共享单车对城市公共空间影响及其优化对策研究	张晨铭；李星薇	西安理工大学土木建筑工程学院	丁鼎
三等奖	宗族观念影响下的传统村落空间形态演变研究——以河南省南召县铁佛寺石窝坑村为例	周一村；詹鸣	郑州大学建筑学院	黄黎明
优秀奖	"共享单车"助力城市慢行系统的创新建设——以芜湖市中心城区为例	林必成	安徽工程大学建筑工程学院	李茜；崔燕
优秀奖	城市高架的"剩余空间利用"到"空间积极拓展"——人行活动视角下苏州环古城高架的空间调查	韩佳秋	苏州科技大学建筑与城市规划学院	张芳
优秀奖	失智而不失质——养老机构中适于失智老人的空间研究设计	栾明宇；许瑞杰	山东建筑大学建筑城规学院	王茹
优秀奖	文化桥梁如何连接东西？——美国的中国园林之造园意匠和景观感知探析	夏成艳	天津大学建筑学院	张天洁
优秀奖	开放街区提升城市活力的空间机制研究——以北京煤市街周边地区为例	周晨	北京交通大学建筑与艺术学院	盛强
优秀奖	基于"社区需求"的存量社区"渐进式"更新设计策略探讨——以厦门港沙坡头传统片区为例	高雅丽；袁毅	厦门大学建筑与土木工程学院	韩洁；王量量
优秀奖	"城市：越夜越美丽"——基于微博位置大数据的合肥城区夜生活空间研究	朱安然；杨滢钰	合肥工业大学建筑与艺术学院	白艳
优秀奖	建筑遗产保护型草根NGO发展历程及能力评定——以天津记忆建筑遗产保护团队为例	张宇威	天津大学建筑学院	张天洁
优秀奖	基于迹线与时间数据分析的医院建筑空间设计解析	徐健；房俊杰	山东建筑大学建筑城规学院	门艳红
优秀奖	基于考现学的北方乡村日常生活空间研究——以天津蓟州西井峪村为例	刘奕汝；齐敏茜	天津城建大学建筑学院	胡子楠
优秀奖	乡建热潮下的历史村落改造——以湖北石骨山人民公社为例	严婷	华中科技大学建筑与城市规划学院	谭刚毅
优秀奖	基于国内"集装箱建筑热"下的冷思考	宫文婧	山东科技大学土木工程与建筑学院	许剑峰；吕京庆
优秀奖	可适应家庭生命周期的中小套型住宅研究	章诗谣；甄靓	天津大学建筑学院	许蓁
优秀奖	陌上花开醉迷徽州景，灯火婆婆侧卧古坊榻——民宿不能仅止于情怀，更需要有诗意的栖居	朱立聪；于瀚清	武汉工程大学资源与土木工程学院	彭然
优秀奖	徽派建筑宜居性研究——以宏村修敬堂为例	梁马予祺；王洋	青岛理工大学建筑学院	郝赤彪；许从宝
优秀奖	"乡村共生体"视角下传统村落的发展探究——以碛口古镇更新改造为例	范倩；司思帆	天津城建大学建筑学院	杨艳红

张璐
（天津大学建筑学院 本科五年级）

社会资本下乡后村民怎么说？

——以天津蓟州传统村落西井峪为例

After Social Capital's Entry, What Do the Villagers Say?——A Case Study of Xijingyu, a Traditional Village in Jizhou, Tianjin

■摘要：当前社会资本纷纷进村，掀起乡建热潮。本文以天津西井峪村为案例，通过多次实地考察，梳理现状问题，剖析开发公司九略与村民利益之间的关系，尝试揭示乡建背后的资本动机与运作逻辑。九略进村后，国家拨款直接授予九略，改变了乡村资本环境；九略参与村内决策与利益分配，改变了乡村结构，并引发村民的主体地位和利益需求的变化。因此，乡建不仅要提升环境，还需要明确村民主体地位、健全村民自治组织、规范资本进入乡村的途径与权益等。
■关键词：乡建实践 西井峪 九略 社会资本 村民利益
Abstract：The current social capital's entry to villages set off a rural boom. Based on the study of Xijingyu Village in Tianjin, this paper analyzes relationship between Jiulue company and villagers, tries to reveal the capital motive and operation logic behind rural construction. After Jiulue's entry, the capital environment, village decision—making and benefits distribution, rural structure and the status of villagers changed. Thus rural construction shouldn't only enhance environment, but also clear the status of villagers, improve villagers' self—government right and regulate the entry of capital.
Key words：Rural Construction；Xijingyu；Jiulue；Social Capital；Villagers Interests

一、引言

2015 年的天津西井峪村，九略乡建公司进入。第一年就举办了村晚市集，旨在为村内农产品提供销路，打造本地农产品与市集活动品牌，吸引更多乡村爱好者、摄影爱好者了解西井峪村。当时活动众多，包括市集、露天电影、摄影会、现场游戏活动等。石头广场内人来人往、熙熙攘攘。围观的村民热情高涨，纷纷自发在路边摆摊售卖自家农产品（图 1）。

图1　西井峪村晚市集（2015）

转眼两年过去，村晚市集选择进入蓟州酒店进行。场地越发"高大上"（图2），然而村民难登堂，游客难以直接接触西井峪，乡村场景不再。九略改变市集举办地的营销策略可能与此前村晚市集的收费活动有关——2016年底，进入村晚市集需要收取5元门票。村民因此有些不满，游客在场外张望却无人进入市集内。村晚市集的第一次商业运作不够顺利，转战酒店举办是九略的另一种商业运作尝试。

图2　西井峪村晚市集（2017）

此外，九略开展"优选农舍"改造计划，首批改造成功的"维东家"和"山云间"瞬间翻了身，游客络绎不绝。然而当我们多次调研走进村民自营的农家乐时，发现尽管没有精美的装饰和院落，但其居住条件并不逊色，价格相比于"优选农舍"更是物美价廉。这些农家院主人对九略多是不服或不满，因为公司只为优选农舍宣传，农家乐的生意相对没有那么如意了。

再回首九略的其他项目，例如能赚大钱的高端民宿原乡井峪度假山居和深受游客喜爱的拾磨书店，似乎村民对它们的不喜爱更多一点，有些大胆的村民直言九略侵占村内用地赚自己的钱……社会资本与村民利益出现摩擦。

二、西井峪乡村建设简述

（一）西井峪概况

西井峪是京津地区第一个民俗摄影村，由冯骥才先生亲自题写"西井峪民俗摄影村"。2010年7月，西井峪被住房和城乡建设部、国家文物局正式列入第五批"中国历史文化名村"，成为天津市唯一的"国字号"历史文化名村。2012 年 12 月，被住房和城乡建设部、文化部、国家文物局、财政部列入首批中国传统村落，成为天津市唯一获此殊荣的自然村。

西井峪位于蓟县北部府君山脚下（图 3），中上元古界地质公园保护范围内。截至 2015 年，全村有 131 户，常住 98 户，计 309 人。

后寺村
西井峪村（核心保护区）
东井峪村遗址
下庄村
山前村
——— 西井峪村域界线
▨ 西井峪村域范围

图 3　西井峪的地理位置与范围

西井峪完整地延续了清末民国时期的街巷、建筑布局结构和村落环境，整体采用当地石材建造，建筑形式独具特色，丰富的民俗文化得以留存（图 4）。

街巷空间　　干道（边界清晰，建筑围合）　　干道（边界不清晰）　　支路

公共空间　　随缘亭　　石头广场　　西崖晚眺

基础设施　　石磨　　村入口　　石刻雕塑

基础设施　　村西停车场　　公共厕所　　供水管

民居　　全石头砌筑　　砖石混合建筑　　砖结构建筑

图 4　西井峪村落环境

目前村落范围土地达 4084.5 亩，耕地面积少，以玉米、谷物为主（表 1）。

总用地面积	用地性质	用地面积	用地占比	产出品种
4084.5 亩	建设用地	733.5 亩	18%	—
	耕地	300 亩	7%	玉米、谷子、高粱、豆子、牡丹
	林地	3051 亩	75%	雪花梨、柿子、杏、樱桃、核桃、苹果

西井峪用地现状　　　　　　　　　　　　表 1

西井峪以前有石料厂，后因环境保护及旅游发展已经关闭。目前村内无第二产业。作为历史文化名村及传统村落，西井峪旅游业发展迅速，同时面临一些问题。村民收入以外出做建筑工为主，农家院收入次之（表 2）。

村民收入来源　　　　　　　　　　　　表 2

经济来源	人口占比	收入情况
农家院	10%~15%（十几户农家院）	最高年收入 30~40 万，平均约 7 万~8 万元
建筑工	70%	大工年收入 4 万元；小工年收入 2 万元，户均年收入 5 万元
务农	15%~20%	老人为主，年收成好时 8 千~1 万元，不好时自用

（二）西井峪乡建前存在的主要问题

（1）人口外流，生产力不足

据九略统计，2015 年，西井峪 70 岁及以上人口占到 10%。村内老龄化严重（图 5）。

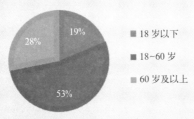

人口年龄结构（2015）

- 18 岁以下　19%
- 18~60 岁　53%
- 60 岁及以上　28%

图 5　西井峪人口结构

（2）土地收益小，整合难

西井峪地区土壤类型以褐土为主，质地黏重，多为中性或微碱性，养分不足、肥力偏低，适宜耕种物产品种有限。同时村庄用水难，目前通过打深机井获取基岩地下水。除去人工成本，平均每亩每年几百元收益。

同时，西井峪用地权属关系复杂。因历史遗留问题，村内现存 3 个大队，经营权承包到户时以生产队为中间方分配。因此每一块地都被分给若干村民，所以每家村民的用地分布零散且面积小，造成集中开发时，集中收储土地的经济成本、议价时间成本高。

（3）村民自建同风貌保护间的矛盾

由于农村结婚另建婚房的习俗，改建旧屋，兴建新房的需求变得强烈而紧迫。同时，政府编制的保护规划严格限制房屋加建。在经历缓慢的发展期后，随着第一户加建二层的村民的出现，越来越多的人开始改建房屋，突破规定。在村民和政府的对抗中，村落保护和乡村旅游都一度陷入困境。

（4）旅游以农家乐为主，同质竞争激烈

随着乡村旅游热的发展，西井峪村凭借其历史文化名村的称号与石头建筑特色吸引了大量游客前来，经营农家乐成为一部分村民致富的途径。但横向、纵向对比，其竞争力优势不明显。

截至 2011 年底，蓟州 11 个乡镇正在开展休闲农业旅游，已创建 1 个全国特色旅游景观名镇，2 个全国农业旅游示范点，104 个市级旅游特色村，7 个休闲农庄，共 1260 个休闲农业旅游经营户。

图6 北京-天津-蓟县区位关系

西井峪位于蓟州县城周边，距离北京天津都有一定距离（图6）。

通过在城市空间下的POI(point of interests)数据梳爬获悉，北京、天津分别有4973、3003个农家院（图7），天津农家院大量集中在蓟州（图8）。

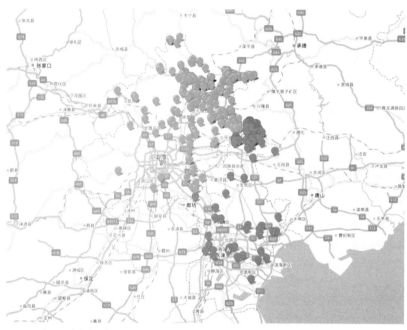

图7 北京、天津农家院情况

图8 蓟州农家院分布

相比其他蓟州农家乐，西井峪距离蓟州站、省道、蓟州城都较近，地理优势明显。作为历史文化名村，保护价值高，具有一定的旅游吸引力。但劣势也十分明显，村落面积小，新建建筑受限，人口流失严重，整体有城中村的发展趋势。尽管背靠府君山，却没有与之联系的旅游发展项目。西井峪目前主要依靠农家乐的收入模式不容乐观。

三、乡建团队进入西井峪

2015年5月，九略乡建团队（以下简称九略）与天津市蓟县渔阳镇政府签约了西井峪乡村旅游项目全程委托运营服务合同，由政府聘请专业团队自上而下为西井峪提供为期三年的传统村落保护及乡村旅游产业运营服务。九略隶属于九略（北京）旅游管理公司，致力于为政府及投资方提供旅游项目开发、落地的全程集成服务，包括旅游策研、设计管理与运营管理。九略在西井峪的工作旨在通过旅游开发与运营引导村民在保护传统建筑形式下改善生活条件、发展旅游业。经过两年多的发展，到2017年6月，九略主要进行了从社会工作、环境整治、营销活动、民宿发展等方面开展了多种乡建实践（表3）。

九略主要工作内容　　　　表3

类型	项目	时间	内容
社会工作	考察学习	2015.09.14	率村民赴河南信阳美丽乡村——郝堂村考察学习
	乡村讲堂	2016.01.05	关于农产品的新思考与新思路
		2016.11.24	西井峪农家院经营管理问题专题培训
环境整治	景观设计		使用代表村庄特点的石头和食物两种要素作为景观元素，就地取材，将每块宅基地边界与地形地貌、生活需要生动结合
	配套设施		标识设计、石头广场装灯、旅游厕所修建
营销活动	资源遗产类	2017.03.25	索尼α café 摄影精英赛天津站外拍活动
		2016.10.16	综艺节目《星厨集结号》走进西井峪录制
	文化遗产类	2017.03.18~04.17	老奶奶的布鞋展——"奶奶的布鞋，古村的传承"
			皮影戏表演等
	特色产品类		村晚市集
		2017.04.15	商务印书馆拾磨乡村阅读中心签约揭牌
	旅游体验类		户外素拓、团聚团餐、古石村探秘之旅、亲子营等
民宿发展	原乡井峪度假山居		建筑师设计建筑，公司经营；价位：1000元以上/天
	优选农舍		建筑师设计改造，村民经营；价位：200元左右/天，包早餐

笔者通过多次深入采访九略工作人员获悉，社会工作成效不足。讲座宣传的形式往往不能令村民信服，理论与实践之间还有距离。村民积极性越来越低，最终停办。

环境整治方面（图9），九略聘请专业设计团队，选用代表西井峪特点的"石头＋食物"作为景观元素，就地取材，将宅基地边界与道路边界明确，同时提升边角地的利用率，进行绿化或粮食种植。石头村特色更加突出（图10）。

九略的营销工作最为成功。微信公众号"遇见西井峪"中活动宣传众多，成为吸引游客的重要途径（图10）。西井峪的改造运营成果得到各方认可，常有外省官员或领导来村内视察学习、电视台活动报道不断。商务印书馆的阅读中心已建立。一方面西井峪建设已经获得主流平台认可，另一方面借这些平台，西井峪的名号也会更响。民宿改造已初具规模，初见成效。原乡井峪度假山居作为高端民宿，已经引起相关从业者与游客关注；优选农舍口碑发酵，游客众多（图10）。自媒体宣传（12%）和媒体新闻（7%）成为了了解西井峪的主要途径。石头村特色风貌（36%）和自然风光（24%）最具吸引力。

图 9　环境整治

了解西井峪的途径

- 本地人
- 登山
- 媒体新闻
- 朋友推荐
- 网络搜索
- 自媒体宣传
- 其他

西井峪吸引点提及频率

- 其他
- 石头村特色风貌
- 乡村生活体验
- 特色民宿农家乐
- 特色活动
- 自然风光

图 10　了解西井峪的途径及西井峪吸引点

　　笔者 2017 年 6 月针对游客发放 100 份问卷,收回有效问卷 100 份[1]发现 (图 11):游客以家庭组团 (59%) 和朋友结伴 (36%) 出行最多,其年龄主要在 30 岁往上 (75%)。旅游目的以体验农家生活、游览自然风光最多。西井峪能吸引大量新游客 (56%),同时留住一批回头客,其中近半数人 (43%) 可以一年多次来到西井峪。61% 的人选择在西井峪住宿,农家乐仍是首选 (64%),15% 的人入住优选农舍。游览过后,游客表示建筑特色是西井峪留给游客印象最深的点,而基础设施不完善是最主要的问题。

印象最深的点提及频率

- 都好
- 建筑特色
- 民俗文化
- 民俗与餐饮
- 拾磨书店
- 乡村生活体验
- 特色农产品
- 自然风光

主要问题提及频率

- 餐饮
- 基础设施不完善
- 交通不便利
- 旅游景观不足
- 标识不明
- 住宿环境
- 停车
- 其他
- 无

游客年龄分布

- 18岁以下
- 19~29
- 30~39
- 40~49
- 50~59
- 60岁以上

游客旅游形式

- 单人旅行
- 单位组团
- 家庭组团
- 朋友结伴

游览频率

- 几年一次
- 一年一次
- 一年两次
- 一年多次

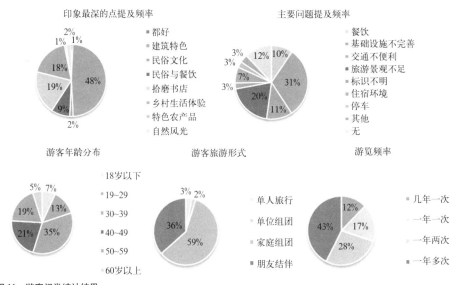

图 11　游客问卷统计结果

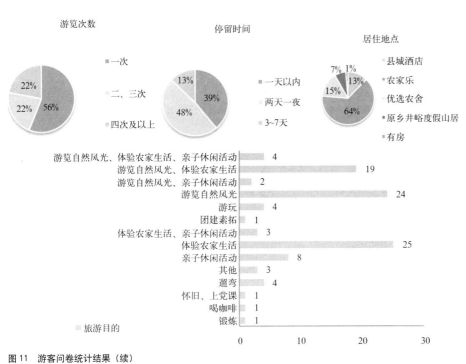

图11 游客问卷统计结果（续）

综上所述，在九略进入后，西井峪旅游发展已经初具规模。九略微信公众号宣传成为西井峪提升知名度的重要途径，同时九略致力于推出各色亲子、摄影、体验、团建活动，打造村晚市集等特色品牌。资本进入活化了传统村落社区，为其深厚的文化底蕴和建筑遗迹提供了传播平台与体验机会。

在对村民采访中发现：尽管过半数的村民认为西井峪在变好，对九略的正面评价却不足1/4（图12）。那究竟是什么造成村民对九略的认可度偏低呢？ 进一步整理发现，对九略公司持不同看法的村民可以分为两类：利益相关者与利益无关群体，直接影响了其对九略的认可度。因此笔者试图从乡建热潮背后的资本逻辑出发，进行分析研究。

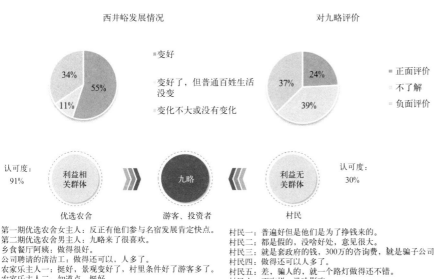

图12 村民对西井峪发展及九略评价

四、乡建热潮背后的资本逻辑

伴随当代新一轮"乡建热潮"的是京津发展"新常态"、城镇化发展"下半场"等巨大而深刻的时代变革，在这些变革背后既有增长主义发展模式不可持续的现象，也蕴藏着城市工商资本严重过剩的积累危机。过去30年间中国城市中快速成长起来的工商资本面临着严重的过剩问题，亟需找寻新的增值空间，产品下乡、资本下乡成为新时期实现资本升值的必然选择。在这样的背景下，回归乡村、找寻"乡村"成为政府、精英人士、社会大众的共同取向，"乡建运动"也在这样的一种总体社会情怀中以各种各样的形式铺陈开来。

西井峪作为历史文化名村、传统村落，面临着同样的保护与发展问题。资本介入后的乡建活动持续近3年，已经出现资本与村集体、村民利益冲突问题，同时更需谨慎规范资本运作的模式，警惕资本直接、简单地将乡村建设异化为资本增值的工具。

目前乡建的推动主体有三种类型：（1）政府主导开展的新农村建设、美丽乡村建设，旨在提升民生福祉；（2）精英分子（包括学者、艺术家、退休官员等）怀着"重建乡村"的情怀，对乡村发展进行干预，提升乡村品质和知名度，从而进一步吸引发展要素集聚；（3）城市资本在各类"新农村建设项目"的外衣包装下进入乡村，对乡村产业与空间进行再改造。西井峪村的乡建属于第三种类型。

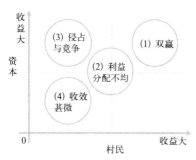

类型	项目	资本与村民利益关系
社会工作	考察学习	（4）收效甚微
	乡村讲堂	
营销活动	村晚市集	（1）双赢；（3）侵占与竞争
	老奶奶的布鞋展	（4）收效甚微
民宿	优选农舍	（1）双赢；（2）利益分配不均；（3）侵占与竞争
	原乡井峪度假山居	（3）侵占与竞争

图13 资本与村民利益关系图

五、西井峪社会资本与村民利益关系

根据村民访谈结果与实际情况比对，对以九略公司为代表的社会资本理论与村民利益关系进行分类，有如下几种类型，以九略的六项工作为例分析[2]（图13）。

（一）社会工作

考察学习成效有限，乡村讲堂仅三讲就惨淡收场。因此都属于收效甚微型，以失败告终（表4）。

社会工作村民评价　　　　　　　　　　　　　　　　　　　表4

评价			内容
考察学习	对考察学习的评价 未参加 79% 好评 5% 差评 7% 未填写 9%	好评	有用
			房顶内部装修按照郝堂村改的
		差评	只看了郝堂村好的部分，没有看老村
			看热闹的多，学习效果欠佳
			不怎么样，时间短
乡村讲堂	对乡村讲堂的评价 未参加 56% 好评 4% 差评 22% 未填写 18%	好评	发家致富，还凑合
			有点用
			有一定帮助
			照这样办行，讲的好
			题很专业化，非常满意
		差评	没了解老百姓基层情况，老百姓思想像散沙
			不是自己关心的，越来越不中
			没什么新意，网上都有
			理念先进，但不够接地气
			实施有困难，老百姓没那么多钱
			没实际行动，没组织过

（二）村晚市集

一方面构建了农产品交易的平台，另一方面吸引更多游客、摄影爱好者、手工艺者等进入西井峪，打造产品品牌。

尽管大部分村民对村晚市集收费不认可（表5），但对九略的组织表示满意，这也是村晚市集成功之处。市集上产品种类较为丰富，但农产品竞争力弱，销售情况差。因此，部分村民认为市集直接获利（卖农产品）低，甚至不如平时自己摆摊卖得好，觉得市集办不办无所谓。但正如另外的村民所见，市集最重要的是吸引更多的游客来到西井峪，从而带来其他消费。

村晚市集村民评价   表5

评价方面		评价			内容
村晚市集	市集收费	村晚市集收费 ■ 不合理 ■ 合理 ■ 没听说 ■ 没参加 ■ 未填写 7% 22% 9% 10% 52%		合理	应合理化收费，没意见
					盈利，第一次成功第二次就有经济收入
					合理，就是有点贵
				不合理	不应该，说是给老年人
					不好，亲戚来了还要收费
					一收费就没人来了
					不应该，应该取得村民支持
					不合理，穷人想买点东西还得先收费
					最不成功的一点，起到相反作用
	九略现场组织			满意	组织得很好
					村民有自己的摊位，提供桌椅
					还行，希望再热闹一点
				不满意	价位不合理
					开始可以，后来没人来了
					不如自己卖
	产品种类	产品种类 ■ 种类少 ■ 可以，丰富 ■ 未参加 ■ 未填写 7% 15% 22% 56%		丰富	山货，土产
					瓜果梨桃，小米鸡蛋核桃
					挺多，农副产品，盆栽
					绝大多数村里的，1/3市里的
					点心，每次都不一样
				匮乏	种类少，吃的，农副产品
					许许多多都是虚构的，外头运的，跟咱没关系
					样少，个人喜好啥的去卖就好，样越多客人越多
					外头的多
	农产品销售情况	农产品销售情况 ■ 满意 ■ 不满意 ■ 未参加 ■ 未填写 7% 24% 22% 47%		满意	人特别多，卖得挺好
					不清楚，村民收入多些
					核桃小米，有的能卖，有的不能卖
					预计一年四次，能卖的卖点
				不满意	卖得少
					卖不出去，公司收购
					买的人少，都是来看看
					一开始还行，后来就不行了
					卖点，还不如自己卖
					卖不了多数，不如平时
	举办频率	举办频率需求 ■ 希望多举办 ■ 控制在一定量少办 ■ 不办或无所谓 ■ 未参加 ■ 未填写 7% 21% 22% 9% 41%		多举办	多举办，农闲时举办
					多办点，每月几次都行
					多点比少点强，添人气
					卖的愿意多办点
				控制在一定数量	一年1、2次好
					不应多办，一年最多2~3次
					一年3次
					慢慢发展
				不办或无所谓	办不办都没多大影响
					不用了，大队搭钱太多，维护治安
					没必要，交通不好
					差不多，没人了，没新意

117

针对市集收费情况，村民反对意见很高。因其一方面直接损害村民利益（村民亲戚经过需交费），另一方面收费直接减少了进入市集的游客（村民收益几乎为零），最终造成市集的失败。此外，随着时间流逝，市集的新意在减少，对游客吸引力在下降，商业化运作的初次尝试也以失败告终，如何进一步吸引游客，留住游客，促进消费是市集及西井峪旅游发展面临的重要问题。

（三）考察老奶奶布鞋展

老奶奶布鞋展属于一次性活动，村民对此评价各异（表6），且不具备长期产出利益的可能，被归为收效甚微型。

民俗展览活动村民评价   表6

评价		内容
民俗展览活动	有好处	好，好多人参观
民俗 展览 活动		很好，买的人还算多
（饼图：有好处 40%，没用 15%，未参加 38%，未填写 7%）		对老太太宣传很好，对经济有帮助
		很好，影响年轻人
		去的人不少，鞋子基本都能送出去
	没用	就那么回事
		没什么作用，只是宣传
		能卖点鞋，致富不了，不管事
		不知道钱用哪去了，公司的名义
		卖不出去

（四）优选农舍

优选农舍为参与的村民提供改善条件的机会，并且公司提供宣传和稳定客源；打造的西井峪优选农舍品牌为公司发展和产品推进打下基础。首批改造的山云间和维东家收入较之前均大幅提升（图14）。对于山云间、维东家、九略三者为共赢。

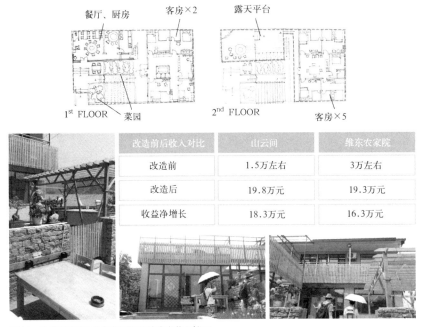

餐厅、厨房　客房×2　露天平台

1st FLOOR　菜园　　2nd FLOOR　客房×5

改造前后收入对比	山云间	维东农家院
改造前	1.5万左右	3万左右
改造后	19.8万元	19.3万元
收益净增长	18.3万元	16.3万元

图14　维东家改造平面与实景及优选农舍收入情况

但由于九略只为优选农舍宣传，拒绝为普通农家院宣传，变相产生竞争，引起了部分农家院的不满。且九略为农家院设计的标识，因为其大小样式差异，被村民视为不公平（表7），反映出九略对于乡村需要缺乏了解。

尽管村民表示优选农舍居住品质和入住情况都表示比之前有提升但在谈及是否愿意加入优选农舍时，更多的村民表示不愿意加入。主要原因有：①家中老人为主，不能开农家乐；②缺少资金，从第二批开始大部分经费都要村民自己负担[3]；③不满九略的设计，不忍心改造自家老房，或希望按照自己想法改造；④已经改成农家乐，且对九略不给客源表示不满，不认可九略做法，认为没必要重新改造房屋。

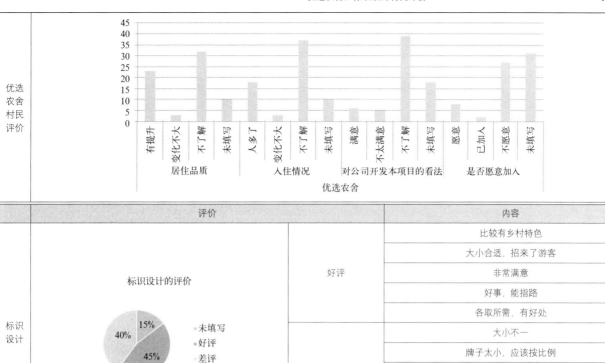

	评价		内容
			比较有乡村特色
			大小合适，招来了游客
标识设计		好评	非常满意
			好事，能指路
			各取所需，有好处
			大小不一
			牌子太小，应该按比例
		差评	华而不实，很费钱
			把清朝的石头磨光推直
			没电话号码，没啥用
			靠后，村前看不到

（标识设计的评价）未填写 15%　好评 45%　差评 40%

（五）原乡井峪度假山居

原乡井峪度假山居及其配套设施拾磨书店、食飨，租用村内土地与民居进行改造。但由于西井峪缺乏集体经济，村集体很难因此获益（图15）。

①九略利用老屋改造高端民宿，依靠公司自己经营。公司由参与改造提升乡村的投资方，同时转变成经营者，与其投资的优选农舍属于类似产品。村民对原乡井峪度假山居不甚了解。

②拾磨书店为游客提供了休闲娱乐的地方，备受追捧。但对于村民却没有实际效用。至少50%的村民没有进去看过书，几乎所有村民没有喝过咖啡。部分村民不认识字，同时当地老人爱喝茶，咖啡价格高，书店和咖啡豆不是村民需要的。有村民提及应多点果树栽培类的书籍，现在村东口的村委会有一个小型阅读室为村民服务。

六、结语

（一）原因剖析

首先，由于历史遗留问题，村领导集体对于西井峪为例发展规划也有不同的看法和措施推进[4]，村民也因此产生不同意见。村集体做决定难，服众更难。

其次，目前村民各自谋生，年轻人纷纷外出务工，老人种地，没有第二产业，旅游发展也主要依靠农家乐。总体来看，西井峪缺少集体经济与集体产业，进一步造成村集体话语权弱，领导力不强。随之而来的，是福利体系无法建立。村民个体产生的收益无法转化为集体收益或产生集体福利。

此外，九略作为咨询公司，擅长以运营为主、设计外包的模式进行乡建，造成较难从更宏观的层面整体把握西井峪发展方向与产业规划，因此村内无集体产业的现状仍未发生大的改变，问题难以从根源解决。

竞赛评委点评（以姓氏笔画为序）

这是一篇很接地气的论文习作。作者敏锐地捕捉了当前中国乡村复兴中的热点问题，从现象入手，却不限于现象的描述，而是通过扎实的调研，不仅呈现了现象自身，而且经由见物见人的深入调查，发现了乡建背后的资本介入结构对乡村变迁所起到的巨大作用，剖析了在外来资本作用下，村民所处的被动尴尬境地及其背后所存在的机制建设的缺失状态。

略显不足的是，作者对外来资本进入"西井峪"的决策及实施过程没有提供必要的调研及剖析成果，因此，在现象揭示与作者最终的建议之间，缺乏有力的逻辑联系。而这一点很有可能是此项研究最为艰难的部分。

从现实生活中发现问题，据此展开研究，这一可贵的学术作风值得大力提倡！

韩冬青

（东南大学建筑学院 院长，博导，教授）

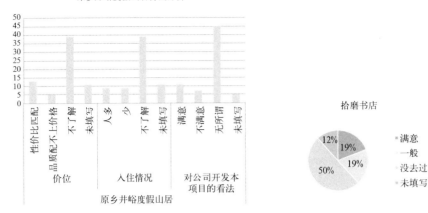

图15 原乡井峪度假山居、拾磨书店村民评价

因此，九略入驻后，公司虽然在规划设计及实践落实方面投入巨大、尝试村集体沟通协调，但由于上述原因，村集体难以接手整体运作，只能点（九略）对点（村民个体）进行操作，利益分配直接与村民个体对接，最终产生村民利益分配不均或无利可图的现象。

除去以上客观原因，九略公司试图租用村民土地改造为高端民宿或商业营业场所，走精品化路线，获得高收益。九略试图既做管理者，又做被管理的经营者，可能产生与村民间的利益竞争。高端精品民宿的发展，使得西井峪已经初见乡村绅士化倾向。而作为土地所有者，缺少集体经济造成大量普通村民难以有效参与资本增值循环从而被排斥在垄断地租获取的路径之外。

（二）建议与展望

（1）明确村民主体地位

作为村落的主人，村民对于村落保护与发展有主张的权力。对于村落保护发展的道路选择、利益分配等方面，村民理应有最高的参与度和充分的话语权。

（2）提升村集体领导力

统一而有力的村集体领导核心，不仅有助于为传统村落发展做出有远见的决策，同时能起到凝聚村民的作用，集中力量办大事。

（3）健全村民自治组织

以村集体为中心，整体代表村民参与商业模式，发展集体产业，明确思路、合理规划、获取规模收益，并形成与之相应的福利分红体系，实现盈利与分配的良性循环。

（4）整体规划与局部改造并行

传统村落因其特殊性，既要保护又要发展。因此既需要宏观整体规划，明确发展目标与产业规划，同时也针对具体空间或建筑进行改造更新，辅之以宣传策划活动。

（5）规范资本进入乡村的途径与权益

建立以农民为主体、多元参与的乡村合作社，实现合作社与外部资本投入的有机结合，规避由外来工商资本单一主导乡村要素整合的弊端。

注释：

[1] 笔者从2015~2017年多次前往西井峪调研：2015~2016年间多次往返西井峪，初步收集整理村内基本资料，参与了解九略公司的活动。2017年5月，在九略工作近3年之时，对部分村民、游客进行访谈与问卷调研，对九略在地负责人进行访谈。对西井峪保护与旅游发展情况进行预调研，为深入调研做准备。2017年6月，再次进入西井峪，对100名游客及68位村民进行问卷调查及入户访谈。

[2] 环境整治方面，公共厕所、停车场改造仍在进行中，路灯未使用，石头广场的灯得到村民好评居多，均与资本、村民个人利益无关，整体提升村内环境。因此未在后文做进一步探讨。

[3] 优选农舍原计划"三年改造九户"，第一批改造三户，报名及抽签决定。其中一户中途退出，山云间和维东家改造完成。此次改造每户总费用40~50万元，村民承担10%改造资金，九略承担90%改造资金。目前正在进行第二批改造，报名及抽签选定四户，改造总费用与第一批接近，九略为每户提供8万元资金，其余由村民自行解决（一般以贷款为主）。因此第二批相比于第一批村民需缴纳的资金更多，成本更高。

[4] 西井峪由于历史遗留问题，目前有三个大队。村主任计划在西井峪发展观光采摘园，以种枣树为主，以创建集体经济，增加旅游业收入。村书记计划集中收取村中心的闲置老屋，由村集体集中改造、租赁或功能置换，以形成集体产业建立村民福利体系。双方理念、支持者都略有不同，未形成强有力且统一的领导集体。

参考文献：

[1] 张京祥,姜克芳. 解析中国当前乡建热潮背后的资本逻辑[J]. 现代城市研究,2016,(10):2-8.
[2] 陈旭,赵民. 经济增长、城镇化的机制及"新常态"下的转型策略——理论解析与实证推论[J]. 城市规划,2016,40(1):9-18+24.
[3] 张京祥,赵丹,陈浩. 增长主义的终结与中国城市规划的转型[J]. 城市规划,2013,37(1):45-50+55.

[4] 梁婧，周景彤．我国是否存在资本过剩问题 [J]．中国金融，2015(11)，64-65．

[5] 田英杰．"家电下乡"的经济学思考 [J]．中国集体经济，2009(12)，29-30．

[6] 涂圣伟．工商资本下乡的适宜领域及其困境摆脱 [J]．改革，2014(9)，73-82．

[7] 李淼．中国首份美丽乡村建设宣言在蓉发布 [N]．四川日报，2015-11-20(003)．

[8] 吴理财，吴孔凡．美丽乡村建设四种模式及比较——基于安吉、永嘉、高淳、江宁四地的调查 [J]．华中农业大学学报（社会科学版），2014(1)，15-22．[2017-09-19]．DOI：10.13300/j.cnki.hnwkxb.2014.01.004

[9] 何慧丽，程晓蕊，宗世法．当代新乡村建设运动的实践总结及反思——以开封 10 年经验为例 [J]．开放时代，2014,(04),149-169+8-9．

[10] 渠岩．"归去来兮"——艺术推动村落复兴与"许村计划" [J]．建筑学报，2013,(12),22-26．

[11] 申明锐．乡村项目与规划驱动下的乡村治理——基于南京江宁的实证 [J]．城市规划，2015,39(10),83-90．

图表来源：

图1（右）、图2、图9：源自公众号"遇见西井峪"

图1（左）、图4、图14（中）：笔者自摄

图3、图6、图7、图8、图13、图14（上）：笔者自绘

图10~图12、表4~表7、图14（下）、图15：笔者通过村民访谈或游客问卷统计结果绘制

表1、图5：数据来自于九略城市规划咨询有限公司《蓟县渔阳镇西井峪村基础资料汇编》

表2：笔者访谈九略公司工作人员所得

表3：作者自绘

心得体会

本次论文写作始于历史文化名城课的一次作业调研。课程老师就是我的论文指导教师张天洁老师。课程要求对传统村落西井峪进行调研研究。恰巧在两年前，我参与的大学生创新创业训练计划项目就是以西井峪为研究对象。因此在课程中继续深入调研。

两年时间，西井峪发生了更多的变化，九略公司的乡建工作、策划活动等都有一定成效。尤其以"遇见西井峪"的公众号建设得最好，从中可以看到西井峪在一点一点变好，游客也变多了。在对西井峪的数次拜访中，我见到了九略工作人员，深入访谈后了解到其中遇到的困难，最主要的就是和村民的沟通协调问题。在西井峪不断变化的背后，充满了艰辛和不易。

因此我试图去了解九略和村民在整个乡建过程中的关系。暑假时期，我带领5位低年级同学一起到西井峪进行问卷调研。在和村民的接触过程中，了解到一些人对西井峪变好的欣喜，也发现一些人对九略的不满。这些村民的不同反应令人印象深刻。

此后，我整理问卷结果，阅读参考文献，在跟张老师的反复讨论中，努力挖掘这些现象背后可能的原因。最终，我从社会资本与村民利益关系方面进行了梳理，试图通过客观的文字去刻画西井峪的乡建之下村民的看法。在最终呈现中，对于西井峪的旅游发展情况、游客看法、九略的成功之处因已有较多的报道所以并未详细展开。但在调研和写作中，对西井峪的发展情况掌握了一些鲜活的一手资料，希望今后有机会能将更多的发现呈现出来。

以上是我对于本次论文写作内容的一些心得体会。本次写作过程中，要感谢很多人，最重要的就是指导教师张天洁老师。在调研中，老师教授了很多方法；在研究中，老师对于弱势群体的关怀、对于人在城乡发展中所处地位的思考一直在影响着我；在写作中，老师引导我建立研究框架，更有逻辑、针对性地去进行表达。这是我第一次论文写作，张老师始终细致耐心、循循善诱，给予了我很多指导和帮助。另外，还要感谢在课程作业中、暑期调研中帮助过我的同学们。

总之，本次经历对我来说非常宝贵。一方面对乡村建设、西井峪发展都有了更深入的了解；另一方面，跟随张老师的学习过程中，研究思维得到训练，我对科研工作有了进一步的了解。当前，建筑及城乡规划领域中还有很多的热现象需要更多的冷思考，希望自己能继续去发现、去思考、去研究。

最后，感谢本次竞赛活动举办方，非常荣幸能获得专业评委的肯定，感谢评委老师给予我的鼓励！本次论文由于知识水平有限、时间仓促，多有不足，希望借此机会能得到更多前辈老师的指正。

张璐

刘星

（北京交通大学建筑与艺术学院　硕士二年级）

不同规模等级菜市场分布的拓扑与距离空间逻辑初探

A Preliminary Study on Topology and Distance Space Logic of Different Size Market Distribution

■摘要：本文基于对 2005 年至 2015 年北京三环内不同摊位数量的菜市场的实地调研，以及北京人口数据，对菜市场和人口密度的关系、十年间三种不同规模的菜市场间的平均距离以及不同规模菜市场所处的街道肌理展开研究。其结论显示：三环内菜市场的分布密度以及规模密度和人口密度无明显关系，2005 年至 2015 年三环内菜市场间的平均距离增大，小型菜市场更多的分布在小尺度道路连接性好，街道肌理相对简单的区域，中型菜市场较多位于中尺度连接好或街道肌理整合的区域，大型的菜市场多分布于大尺度城市干道附近，并且中小规模的菜市场总是伴随着大规模的菜市场出现。

■关键词：菜市场　平均距离　人口密度　空间句法

Abstract：The Market is the basic commercial function of the residents of the community, which is closely related to the daily life of the residents. Based on the field investigation of the different size Market of Beijing in the period from 2005 to 2015 and the resident population data of Beijing, firstly analyzing the relationship between the Market and the resident population. Secondly, comparing the average distance of the three different sizes of Market during the ten years and researching the street texture of the distinctive Markets. The results show that there have no obvious relationships between the distribution density of the Market and population density, so does the scale density of the Market. What most influences the Market is the street configuration. From 2005 to 2015, the average distance between the Market has increased, especially the large scale Market changed most obviously. The small size Market most distributes in the street which is good connection and has simple street texture in the small area. Medium size Market is more located in the in the street which is good connection or has simple street texture in the mesa-scale. The large size Market most distributes near the main road of the city and the large size Marker can motivate the emergence of the small size and medium Market.

Key words：Market；Average Distance；Resident Density；Space Syntax

一、研究背景：非首都功能疏解进行时

随着我国快速的城市建设和经济发展，大城市往往面临着用地紧张、人口规模过大与交通拥堵等城市问题。另一方面，由于城市居民收入提升，对城市公共空间品质的要求也与日俱增。在此背景下，北京自 2015 年起逐步开始了严控城市规模，疏散首都人口和落后产能，改造城市街道界面治理开墙打洞的一系列举措。菜市场多年来一直被作为脏、乱、差的代表，自然也成了近期城市功能疏解的首要对象，而这些政策导向的城市风貌治理和功能疏解政策也再一次引发了自组织经济和管控制度的矛盾。此外，十年前在全国范围开展的"农改超"计划也将北京三环路以内的市场大规模迁出。然而，这种自上而下的疏散政治，不仅不能从根本上杜绝城市小商贩的聚集，反而带来了居民"买菜难"和"买菜贵"的问题，当时的诸多学者也从城市经济产业发展角度提出了不同的意见[1] [2]。十年后的今天，面对这场激烈的"疏解战"，作为从业者本应该冷静思考不同规模菜市场背后的空间逻辑，而不能是简单照搬"千人指标"的要求，以居住密度和服务范围为基础来评价菜市场的分布是否合理（如"15 分钟生活圈"）。

同时，因为菜市场本身容易受到政策的限制，易于分散和改迁，所以对不同年度进行的追踪研究极为必要，多年多次的数据积累方能保证数据的稳定性，从而准确地把握菜市场这种城市居民日常生活的基本服务型商业的空间变化趋势。

作为社区公共空间重要功能的菜市场，已有大量与其相关的研究。一部分是以距离中心地为基础的分析，吴郑重以台北菜市场的演化与转变为例，归结出台北当前多元、混杂的市场特征[3]；江镇伟以深圳南山区菜市场为例，简单的对社区人口密度和菜市场的关系进行分析，得出部分区域菜市场的数量和社区密度相关[4]，但与我国现有的城镇化地区、城市统计区和高密度城镇化地区的指标略不同[5]。以上研究都涉及了菜市场作为社区公共服务设施对城市的作用，但缺乏精细的数据支撑，或对数据的分析方式多在统计层面，忽略了空间对菜市场分布的影响。

从现有的文献和规范中不难看出，在理论研究和实践层面均把居住密度下的服务半径当做评价市场分布的基本规律和评价标准。然而，真实的城市空间是由街道构成的，而对个体摊位来说，它能否成功维持的关键在于其所在街道上是否有足够的客流量穿过。因此，即便满足距离控制标准，那些落位在小巷或道路近端处的市场也难以为继，或者不大可能形成更多的摊位聚集。更为重要的是，运动在街道空间中的分布更不能简单用以距离为基础的模型来描述，街道之间的拓扑联系则起到更为重要的作用。

空间句法作为一种以拓扑连接为基础的空间理论和分析工具，多年来被广泛应用于量化分析各类交通与功能用地、建筑内部空间形态等方向[6]，为量化研究菜市场的空间分布规律提供了除距离之外的一种新的空间测度。在这个研究方向上，盛强基于对北京三环内菜市场规模的调研数据，综合真实路网等级与拓扑空间结构分析了市场的空间分布，发现市场规模体现出的幂律与城市道路网络体现出的形态规律之间有对应关系。此外，该研究也发现大型批发类的菜市场显现出随着城市发展逐渐外移的趋势[7]。然而，该研究仅仅关注了街道空间拓扑结构的一个因素，并未综合考虑居住密度和服务距离等其他因素的影响。在此研究基础上，本文将基于笔者在 2015 年对北京三环内菜市场摊位数的实地调研，对比历史数据分析疏解政策实施前不同规模菜市场的变化趋势。此外，本文还将分析居住密度对菜市场规模和分布的影响，并与各级别菜市场周边一定范围街道拓扑空间联系进行对比，初步探索距离与拓扑结构两种因素如何综合影响市场的规模与分布。

二、研究方法：数据处理与建模方式

（一）调研方法和数据整理

本文选取的研究对象为北京三环路以内的菜市场，其数据来源为笔者 2005~2015 年对该区域进行的地毯式调研，内容包括各菜市场的类型、位置和具体摊位数。需特别说明的是：菜市场的摊位数量包括市场内固定的摊位数和菜市场周

指导老师点评

菜市场是一种延续千年以上的功能，其本身绝对谈不上新，但一直以来我们对城市中再普通不过的这个老现象却往往缺乏足够的关注和认识，一厢情愿地按照类似布置消防站的原则来布置菜市场，而这一切却是违背市场自身的经济规律的。

本文从近年来疏解大城市人口带来的影响出发，以本研究团队近十年来积累的和作者本人实地调研获得的翔实数据为基础，结合人口等其他数据源分析了菜市场等级和规模的空间分布，质疑了人口密度和服务半径等因素的影响，探索了不同尺度层级拓扑街道网络联系对菜市场等级和空间分布的影响。

作为一个基础实证研究，作者本人的数据调研工作在 2015 年历时 2 个月左右的时间完成。而在写作过程中，又遇到了人口密度数据与菜市场空间分布不相关等种种意料之外的困难，可谓一波三折。然而，这一切又是绝大部分基础实证研究都会经历的，顺利发现的规律往往或没有创新性，或是一种伪相关。只有在不断尝试各种方法之后，数据背后隐藏的规律才会初露端倪。当然，作为一篇硕士阶段的小论文，本文发现的规律离建构一种创新的、综合拓扑距离与几何距离的功能分布量化模型尚显遥远。但经历了这个漫长曲折的过程，这些初步的发现还是足以报偿作者的艰辛劳动，让作者充分体会到了科研工作的苦与乐。

最后，希望作者本人和所有对基础实证研究感兴趣的青年学生和学者能够不忘初心，坚信只有做到超限的投入，才能获得无限的回报。

盛强

（北京交通大学建筑与艺术学院 副教授）

边的摊贩聚集两部分。由于摊贩往往是受到菜市场的吸引而聚集的，甚至在实际经营中多为市场内正式摊位员工在早上人多时临时出菜市场占道经营的一种策略，而这种经营活动客观上也反映了本地的需求强度，因此本文也将其作为正式菜市场的一部分，加总评估其规模。此外，本研究将大于等于 5 的经营个体摊位作为统计菜市场的阈值，排除了零散不成规模的水果店和生鲜店等噪音数据，并参考既有的研究成果[7]，将菜市场分为三个等级规模：5~70 个摊位的小型菜市场、70~150 个摊位的中型菜市场、150 个摊位以上的大型菜市场。结合中心地理论，高级别的菜市场本身亦可兼做低级别的菜市场。

（二）菜市场和人口数据的处理

不同于对大区域和城镇区的人口指标研究，本研究关注城市内尺度范围人口和市场规模的关系。但由于我国的人口统计数据往往以街道为单位，其统计力度不足以支撑高精度的模型研究，故本研究将各居住建筑类型、高度等信息折算为居住面积后，将各个统计街道内的人口按面积权重进行了重新落位。此外，为进一步消除其落位误差的影响，将各小区块的人口数据在 3km 半径内进行了均匀化处理，即计算各小区块周边 3km 可达范围内的人口总数。同理，为消除菜市场分布的偶然因素影响，本文对菜市场规模数据也进行了一定半径范围内的均匀化处理。具体来说，本文计算了反映菜市场分布的两种密度：分布密度和规模密度。菜市场分布密度指的是特定半径下，某个等级菜市场数量的加总；而菜市场规模密度则是指该半径下各菜市场摊位数量的加总，忽略了类型而仅关注摊位数，如图 1。结合既有对菜市场购物出行行为的研究，本文选定 800m 作为上述两种密度的统计半径[8]。

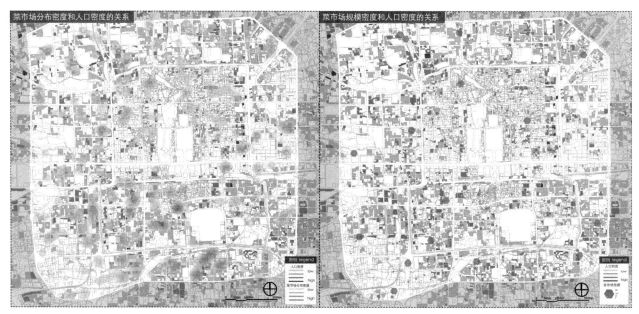

图 1　菜市场分布密度以及菜市场规模密度与人口密度的关系

（三）不同规模菜市场的平均距离和道路肌理分析

基于整理后的数据，对不同年份的菜市场的平均距离即菜市场规模密度进行分析对比，并选取菜市场数量最稳定的 2009 年的菜市场划分规模做进一步研究。根据不同规模菜市场平均距离的大小，分为三个等级，即菜市场最密集区域和中等密集区域和非密集区域，并对不同规模的最密集区域做出比较，观察小规模菜市场密集区域，中等规模菜市场密集区域，中小规模菜市场均密集区域，中大规模菜市场均密集区域，大中小规模均密集区域的道路肌理和差异。分别计算了三种规模菜市场在 1000m 半径下的平均距离，即每个菜市场在 1000m 可达范围内有多少个其他相应级别的菜市场，并排除了模型中线段数量的干扰。

（四）街道拓扑连接性的测度方法

不同规模菜市场的空间落位的差异，除了受到菜市场周边环境质量和其他非关联性空间因素的影响，很大程度上还依赖于区位的空间连接度。整合度（integration）的算法含义是计算某条线段到一定几何距离可达范围内所有其他线段的最短拓扑距离（以综合折转角度为定义），它反映了该线段到其他线段的中心性。选择度（choice）算法含义是计算某条线段被一定几何距离可达范围内所有其他任意两条线段之间最短拓扑路径（同样以综合折转角度为定义）穿过的次数。基于这两个基本指标，2012 年底 Hillier、杨滔和 Turner 提出了标准化角度选择度（简称穿行度，缩写为 NACH）与标准化角度整合度（缩写为 NAIN）这两个指标[9]，其意义在于进一步消除了线段数量对分析效果的影响，实现不同尺度范围和复杂程度空间系统的比较。基于这些既有的研究成果，本文在两种参数值上对不同规模的密集区域的空间逻辑展开研究，探究其在不同半径的连接度对菜市场分布的影响和道路肌理的特征以及复杂程度对菜市场的影响。

三、论常理：菜市场数量以及规模和人口密度的关系

（一）菜市场分布密度和人口密度的关系

一般认为城市中菜市场的分布和规模往往与人口密度有关。图 2 显示了三环内菜市场分布密度（不考虑各市场内摊位数）和人口密度的关系，可看出菜市场数量在南城较密，北城分布更为均匀，大部分区域菜市场的数量较人口数量应有的配比较低，而这些区块多位

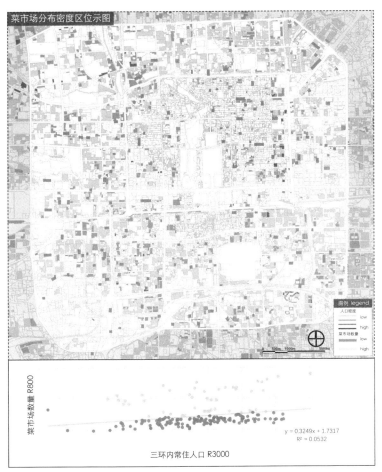

菜市场分布密度区位示图

菜市场数量 R800

图例 legend
人口密度
low
high
菜市场数量
low
high

y = 0.3249x + 1.7317
R² = 0.0532

三环内常住人口 R3000

图2　菜市场分布密度区位示意

于二环路以内。二环与三环路之间因存在更多的非居住区，如图所示的三环附近黄色线段，菜市场的数量位于趋势线以上，说明此地区居住人口少但仍有菜市场出现，可得出菜市场数量与区域的人口数量无明显关系，即并非人口较多的地区菜市场的数量也相应增多，二者的决定系数R方值仅0.0532。

此地区较多可能是由于外城的可达性较好，较大规模的菜市场更多位于此地段。

（二）菜市场规模密度和人口的关系

从图3观察发现，菜市场摊位数量与菜市场数量呈现的规律一致，与人口数量也无显著对应关系，大型菜市场多位于外城，受道路可达性的影响较大，而内城的菜市场的存在优势更多的是提供生活的便利性。数据统计分析结果显示，较菜市场分布密度与人口密度而言，菜市场规模密度与人口密度的相关性稍高一点。并且相对人口数量，规模较大的菜市场的三环周边地区同时也是菜市场数量较多的地区，说明这些地区无论是从菜市场规模或是菜市场数量而言，都高出人口数量应对应比例。

四、究本质：菜市场分布的距离与拓扑空间规律

（一）2005年至2015年菜市场总体变化趋势

如前所述，菜市场无论在数量上还是规模上均与人口密度无对应关系，可能更多地受到城市中的交通和空间结构影响，本部分将针对此假设展开深入的分析。首先笔者对比了2015年调研数据和历史数据的变化。图4展示了2005~2009和2009~2015年两个时间区段北京三环内菜市场数量和不同规模菜市场之间平均距离的变化。首先从数目来看，2005~2009年三环路内全部179个菜市场中有43个消失，其中有3个被升级为超市，而大部分（23个）是由于在城市开发项目中被拆除。与此同时，在此四年间增加了46个菜市场，与2005年相比，2009年总体上菜市场是增多了，由179个增至183个。因此在当年农改超的政策下，北京中心城区的菜市场数量不仅没有减少反而略有增长。与之不同的是，2009年到2015年间菜市场的数量则呈下降的趋势，

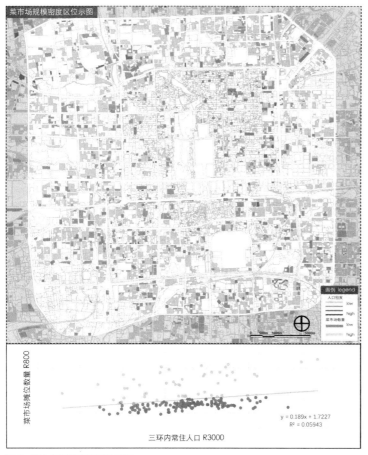

图3 菜市场规模密度区位示意

即便在排除大范围城市建设区域，菜市场的数量还是下降了约20个。相似的变化趋势也明显通过市场间平均距离这个指标呈现出来：2005年和2009年相比相差甚微，2009~2015年菜市场间的平均距离明显增大，其中大规模的菜市场增幅最为显著，小规模市场增长较小，中等规模变化最不明显。以上说明十年间大型菜市场变迁较大，小规模菜市场变化较少，中等规模的菜市场最为稳定。

这个变化的趋势说明不同等级的菜市场反映出的规律是有差异的。大型菜市场往往兼具批发功能，是京外转运商与京内摊贩交易的主要场所。随着城市的发展，城市边界拓展用地价值提升，一方面对京外转运商来说外迁的菜市场便于周转，且能有效地降低租金，对各方都方便。因此在十年来一直在迁出导致该级别菜市场间平均距离下降。中型的菜市场反映出城市各个片区的需求，相对比较稳定。小型的菜市场则往往很容易受到政策的影响，2015年北京很多区域都以15分钟生活圈等方式整理过菜市场和摊位。这些新的卖菜点往往仅有1~3个摊位的规模，因此并未在本研究的统计范围之内。也正是由于这个因素的影响，导致了小型菜市场"减少"的表象。

基于上述原因，本文为了更加客观地反映菜市场分布的规律，排除农改超和疏解非首都功能的影响，在后面的研究中选取了2009年的菜市场数据用于分析其距离及拓扑分布规律。

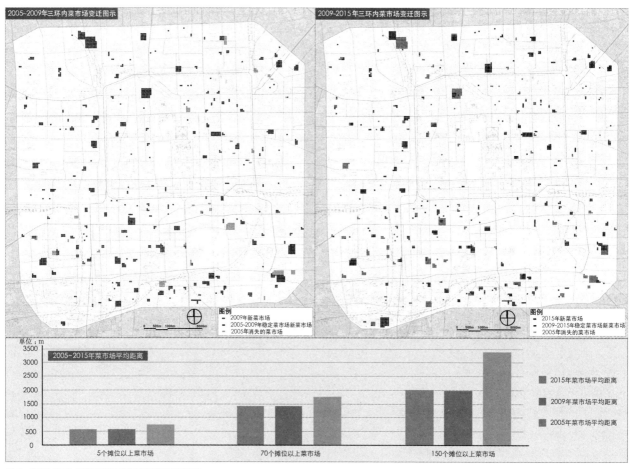

图4 2005~2015年菜市场变迁以及平均距离变化

（二）2009 年菜市场空间分布逻辑再思考

（1）不同规模菜市场平均距离分析

本部分的分析将基于 2009 年的菜市场数据，按前述三个规模等级分别分析各个级别菜市场间的平均距离。在图 5 的分析图中，橙色、绿色和红色依次为小、中、大三个级别等级的菜市场。而在每个等级的菜市场内部，深色的区域为菜市场分布密度较高的区域，浅色区域为分布密度较低的区域。

从图 5 可以看出，小型菜市场在南城分布较密集，而北城较为零散。中型菜市场分布较小型市场更为均匀，东面由于是商业区域所以较少中型菜市场，西北角中型菜市场的分布密度明显小于小型菜市场。大型菜市场的分布规律与中型菜市场类似，但数量少于中型菜市场，二者聚集的位置重合度较高。小型菜市场则弥补了大中型菜市场分布空缺的地区。

（2）三类菜市场在同等级平均距离的比较

根据大中小三类菜市场的分布密度等级不同，按其平均距离可在各类型内划分为三个等级。第一等级为各规模市场平均距离最小区域，即菜市场最密集地区，小型菜市场间平均距离为 205~405m，中等规模菜市场间的平均距离为 380~901m，大型菜市场间的平均距离为 477~1230m。第二等级各规模菜市场间的平均距离范围增大，小型菜市场间的平均距离为 205~555m，中等规模菜市场间的平均距离为 380~1422m，大型规模菜市场间的平均距离为 477~1982m。第三等级包含菜市场最疏散区域，最小型菜市场间的平均距离为 205~705m，中等规模菜市场间的平均距离为 380~1943m，大型规模菜市场间的平均距离为 477~2735m。

图 6 为三类菜市场不同等级密集区的叠加比较，从第一等级密度能更清楚地看出三类菜市场各自的高密集区域，大型菜市场分布的高密集区域多位于商业聚集的地区，周边往往也出现中小型菜市场的聚集。中型菜市场密集区域与大型菜市场密集区域重合较多。但也有些区域只有中型菜市场密度较高而没有大型菜市场辐射，这些区域呈现为绿色。

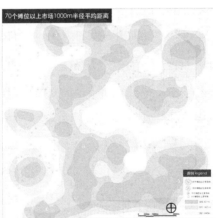
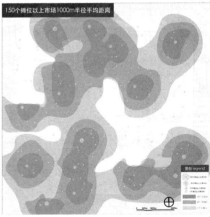

图 5　三种规模菜市场 1000m 径平均距离范围

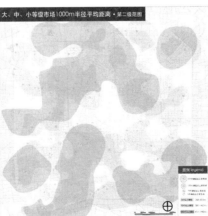
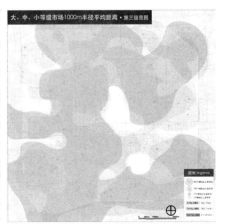

图 6　三类菜市场同密度等级范围：左图为三类菜市场的高密度分布区叠加，中图为三类菜市场的中密度分布区叠加，右图为三类菜市场的低密度分布区叠加

小型菜市场聚集区很少与大型菜市场共同出现，说明小型菜市场不如大型菜市场争夺城市商业优势区域的能力强，仅能占据一些空间区位较弱的地段。而从第二等级分布密度来看，大型菜市场分布较为稀疏的地区均被中小型菜市场占据，并且以小型菜市场为主，显现出小型菜市场的聚集是大中型菜市场缺位的有益补充，或由于这些位置的空间连接较差，大中型市场难以生存而小型市场聚集的门槛较低。

（3）三类菜市场高密度分布区案例分析

从图6中可以看出各类菜市场高密度分布区范围重叠较小，容易体现出各个区域的差异。因此在本部分的分析中笔者将基于高密度分布区选取其中的特色区域案例，重点分析这些区域在空间拓扑连接上呈现出来的特点。

图7左侧的地图中显示了三类菜市场高密度分布区内的各典型区域分布，右侧的散点图中依次列出了各个典型区域1000m半径、3000m半径和10km半径的标准化整合度平均值与穿行度最高值。采用这些标准化参数而非常用的整合度和选择度指标主要考虑到二环路内外的地图精度略有不同，二环路内的胡同区路网较细，而外部主要为现代小区，路网较稀疏。使用标准化系参数（NAIN和NACH）可以有效排除这个影响。此外，对标准化整合度参数（NAIN）取平均值能够有效地评价这个片区的街道拓扑形态，越接近规整网格的地区其标准化整合度值越高（图8）。而对该片区的穿行度取最高值的原因是可以有效地反映这个片区

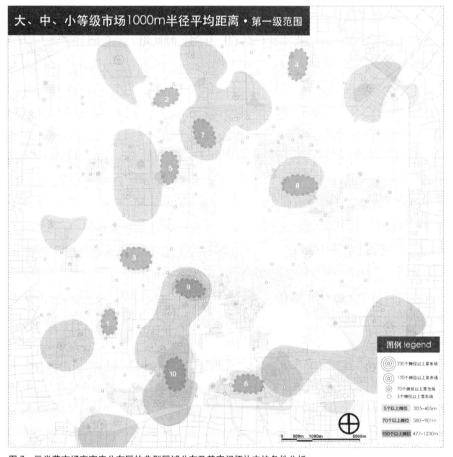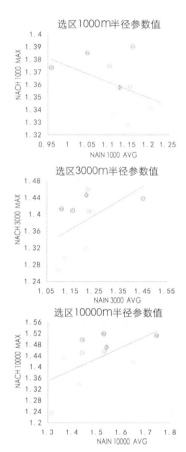

图7　三类菜市场高密度分布区的典型区域分布及其空间拓扑支持条件分析

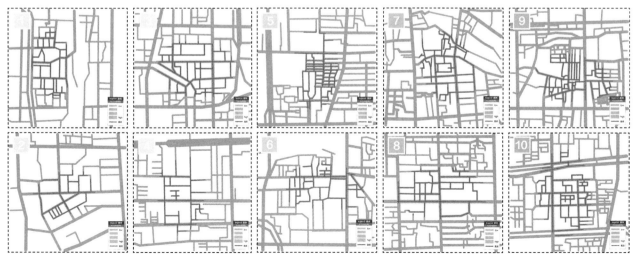

图8　各个案例选区道路肌理示意图

在城市中的空间联系，特别是在大尺度半径的分析中这个参数能够有效地反映某个片区的车流可达性，毕竟评价一个片区在城市中的可达性没有必要强求该区域的所有街道都在城市中有较好的可达性，往往其中某条机动车主路会成为服务整个片区的入口。

图7中标出的1、2区为仅有小型菜市场高密度分布区。可发现在1000m的小尺度半径参数上，这两块区域均有相对于其他8个案例区较高的整合度数值和较低的穿行度最高值，但在3km及以上半径分析中这两个区在两种空间参数上数值均较低，这个结果说明这类区域存在的空间基础是要求该片区有较高的路网密度及在小范围内相对规整的路网形态（图8），但与外部空间连接性较差，缺少高等级道路穿过区域，而降低了其对大中型菜市场的支持力。

3、4选区为仅有中型菜市场分布的密集区域，与1、2选区相比，它们在中尺度3000m半径和大尺度10000m半径均有较高的标准化整合度和穿行度参数值，仅在小尺度的空间参数值较差。对比这两个选区，案例3更依赖于空间的平均整合度，而案例4更倾向于依赖最大穿行度，得出中等规模市场的服务范围更广，并且分布较密的区域，多为空间肌理连接好或有高等级道路穿过的区域。

5、6为小型菜市场和中型菜市场分布均为密集的地段，此类区域在各尺度上均有良好的空间参数值，且受穿行度的最大值影响最为明显，均在有高等级路穿过且道路肌理相对较好的地段。当小型菜市场和中型菜市场同在一区域出现时，说明此区域至少要具备中等规模菜市场的空间要求，小规模市场的出现可能是由于受到中等规模菜市场的吸引而出现，中等规模菜市场对空间区位的空间潜力值要高于小市场。

7、8选区为大中型菜市场均密集的地区，从整体上来看，这类区域对区位的空间参数值要求最高，更多的受穿行度最高值的影响，多位于主要干道附近。其中案例7在中尺度的平均整合度的值较差，道路肌理迷宫化（图8），但在大尺度上的空间参数值最佳，可看出中大型菜市场更多依赖于大尺度范围运动汇集的路段，受小半径范围道路肌理连接影响较小。

9、10选区为三种规模菜市场均密集的地区，在小尺度上由于受到小规模菜市场对道路肌理的需求，平均整合度较高，而中、大尺度上则与中大菜市场均密集区相似，选区穿行度的值较大，但平均整合度的值和中大型菜市场区域相比较低，说明小规模菜市场的密集区的大半径范围的平均整合度低，三种规模共生的区域为中大尺度有高等级道路连接，并且在小尺度上道路肌理相对简单，道路网格分级更明显。

五、结论与讨论：探求菜市场功能疏散新方法

本文针对近期热议的城市功能疏解问题，选区菜市场作为研究对象，通过对北京三环路内人口密度和菜市场空间分布的分析，初步探索了菜市场规模等级空间分布受距离和拓扑空间结构综合影响的一般规律，可总结为以下几点：

首先，从菜市场与居住人口的关系来看，市场的数量和规模与人口密度数据无明显关系。相反，菜市场与道路通达性和街道形态有紧密的关系。

其次，从各类菜市场在过去十年变化的规律来看，大型菜市场有不断迁出的自然趋势，符合功能疏解的条件，而中小型市场则需满足城市居民的日常生活需求，不宜进行疏解。

再次，从各类菜市场空间分布聚集的规律来看，大型菜市场受道路通达性的影响最为明显，小型市场更多的是受到小尺度范围街道肌理复杂程度的作用，中型菜市场则介于两者之间。

此外本文的研究结论对当下社区生活服务功能规划方法的意义在于：不能只依赖居住密度或服务距离半径来规划菜市场等级和空间分布，而应该更多地考虑到各级别菜市场所在的道路或街道等级。可根据各个片区在不同尺度范围的空间拓扑可达性（实际操作中可参考交通流量）来判定其分布区位及适合的密度。当然，对拓扑空间可达性的测度远不如对服务半径来得直观和容易操作，本文作为一种基础研究仅在规律层面进行了些初步的探索，希望未来能够继续投身于这个方向的后续研究。

竞赛评委点评（以姓氏笔画为序）

本文有对于热点社会议题的敏锐观察，有运用空间句法探究中观城市空间拓扑特性的专业能力，有导师研究团队自2005~2015年的长期实证积累，最为珍贵的是，作者没有拘泥于直观且容易操作的方法，而是"自讨苦吃地"主动挖掘现象背后的规律。这种"自寻烦恼"的钻研精神正是构建民族文化自信中最不可或缺的价值。

李振宇

（同济大学建筑与城市规划学院，
院长，教授，博导）

论文紧密结合城市发展中功能疏散问题进行研究，以与市民生活息息相关的菜市场为研究对象，通过对北京三环路内人口密度和菜市场空间分布的分析，初步探索了菜市场规模等级空间分布受距离和拓扑空间结构综合影响的一般规律。作者的研究方法具有一定创新性，通过数据处理与建模方式，将复杂、动态的研究对象简化，以定性与定量相结合的方式研究其衍生规律。论文论证充分、写作严谨，能够将理论研究与现实生活紧密结合，海量的数据统计、充分的实地调研与清晰的逻辑分析体现了作者扎实的理论功底。

梅洪元

（哈尔滨工业大学建筑学院，院长，教授，博导）

菜市场同老百姓的生活息息相关，但常常因其"脏、乱、差"而成为城市功能疏解的对象之一。论文针对近年来北京疏解整治菜市场的现状，冷静思考菜市场背后的空间分布与变化规律，不仅整合定量与定性研究而开展了数据精细化的动态分析，同时也充分体现了建筑学专业学生的社会责任感和人文关怀。的确，我国城市经过30年的急速发展后，正经历着从"增量扩张"向"存量优化"的转型，从追求经济效益、强调空间集约高效美化，转向更多地立足于品质、活力和民生的综合提升。对城市空间形态与真实城市生活和民生问题的关联研究，已难以用传统的空间结构模式和静态的空间分析方法来解答。该篇论文正是反思了"千人指标"的传统范式，做出了数据翔实、逻辑清晰的回应。论文的数据截至2015年，随后互联网经济共享经济等正急速改变着老百姓的城市生活，期待有进一步的更多元的思考！

张颀

（天津大学建筑学院，院长，教授，博导）

注释：

[1] 朱李明．演化与变迁：我国城市中的"农改超"问题 [J]．商业经济与管理，2004，148 (2)：13—16.

[2] 皇甫梅风，郑光财，张琼，吴军．居民消费习惯与"农改超"模式的思考 [J]．商业经济与管理，2004，155 (9)：17—20.

[3] 吴郑重．"菜市场"的日常生活地理学初探：全球化台北与市场多样化的生活城市反思 [J]．台北社会研究季刊，2004 (55)：47—99.

[4] 江镇伟．社区级公共设施活力测度及影响因素研究——以深圳市南山菜市场为例 [D]．深圳大学，2017.

[5] 毛其瑞，龙瀛，吴康．中国人口密度时空演变与城镇化空间格局初探——从 2000 年到 2010 年 [J]．城市规划，2015 (02)：38—43.

[6] Hillier，B.，Penn，A.，Hanson，J.，Grajewski，T. and Xu，J. Natural movement: or, configuration and attraction in urban pedestrian movement [J]．in: Environment and Planning B: Planning and Design，1993，volume 20，29—66.

[7] 盛强．菜市场的等级与路网层级结构——对北京三环内菜市场的空间句法分析 [J]．华中建筑，2016，06：20—25.

[8] 黄世祝．台南市蔬菜集散的空间结构 [D]．台湾师范大学地理研究所硕士学位论文，1982.

[9] Hillier，B. Yang，T. Turner，A.，Advancing DepthMap to advance our understanding of cities: comparing streets and cities, and streets to cities[C]. in Eighth International Space Syntax Symposium，2012.

图片来源：

文中所有图片均为作者自绘

竞赛评委点评（以姓氏笔画为序）

　　本文针对北京市三环内菜市场空间分布这个特定问题，基于作者十年间的连续调查积累，实证性对比研究了菜市场与地段人口密度和城市道路格局的关联关系。其研究成果表明不同规模等级菜市场的空间分布与人口密度并无明显关系，而是与城市街道的形态结构具有密切的关联性，并随其规模的不同而呈现出与道路等级及其肌理结构的依附关系。作者敢于挑战传统规划思维中"习以为常"的空间分布认知，运用城市形态学量形结合的科学方法，得出了令人信服的结论。这种大胆设问又小心求证的科学态度使人感受到新一代青年学者的良好学术风尚和创新精神。

　　作者如能对这种空间分布规律及其动态变迁的动因机制有进一步的分析和实证，将更加有利于加深对其空间分布规律的科学认知，提升其在规划及政策制定实践运用中的有效性。

韩冬青

（东南大学建筑学院，院长，博导，教授）

作者心得

　　自古以来，民以食为天，要论什么话题最热，当属是与居民日常生活息息相关的菜市场拆迁和改造问题。本论文也针对其展开了详细的研究与分析。我以为，科研的价值和乐趣也正在于此，于生活中发现问题，再借以科研来究其本质。

　　此外，本文的价值还在于这是一个持续了十年的研究，城市脉络的变化不同于飞速发展的网络科技，是一个较漫长的演变过程，完整性、持续性的研究才能更好地发现规律。作为实证性研究，从数据的收集和细致程度来说，本文也详尽而真实地记录了十年间各菜市场的变迁和摊位数的变化，我想这是每一位科研人员都应该有的态度，对数据的筛选与处理也理应客观对待，排出干扰性数据。

　　最后，我还想提出一点：对待科研学术，我们一定要善于思考，敢于打破思维定式。本研究在开始之初，也有一段时间的瓶颈期，对城市范围内人口和菜市场相关性较低感到诧异，但反复验证依然如此，故开始分析菜市场和道路肌理的关系。接下来或者会有其他学者针对此重新再进行验证，然后得出另一番理论，但无论如何，这些成果都是有价值的。本文也是在我硕士导师的研究基础上，进一步做出的分析。作为学生来说，不应先担心研究到最后是否会有正确的理论，而是应踏实地坚持完成你的研究，就算没有得到有力的结论，这也是对其他科研工作者的一点贡献。

　　总之，科研之路虽艰辛且漫长，但保持一颗初心才最珍贵。

刘星

中国建筑学会学生工作委员会成立大会
暨"见字如面"师生沙龙在清华大学顺利召开

2017年12月2日，由中国建筑学会主办，中国建筑学会学生工作委员会、清华大学建筑学院、深圳大学本原设计研究中心承办的中国建筑学会学生工作委员会成立大会在清华大学建筑学院顺利召开，国内建筑教育领军学者与优秀学生代表齐聚一堂，共同见证这一全国性的建筑及其相关领域学生事务和学术组织的成立盛事。

中国建筑学会学生工作委员会（the Architectural Society of China Students' Affair Committee，简称：学工委，英文缩写：SAC）是中国建筑学会下设的二级机构，是全中国唯一官方的建筑及相关专业的学生组织，是由中国工程院院士、中国顶级建筑院校院长、大师、教育专家和优秀学生领袖组成。学工委旨在搭建一个全国性的建筑及其相关领域的学生交流、学习、合作和创新平台，其职能包括招收和管理学生会员，举办竞赛、论坛，开展建筑评论等。同时，中国建筑学会以此对接该领域学生国际性事务交流与合作。

中国建筑学会秘书长仲继寿在致辞中表达对学工委的成立祝贺并对未来的工作提出了展望。清华大学建筑学院院长庄惟敏在致辞中对中国青年建筑学子从这一平台走向国际化提出了更高的要求和期望。学工委发起人、中国工程院院士孟建民在致辞中表达了对青年学子在学工委的平台上共同研究、探讨、交流、创新的期望，以及对实现学工委"三个平台"目标的设想。成立大会选举产生了首届学工委委员会。学工委发起人、中国工程院院士孟建民当选首届学工委主任委员。

首届中国建筑学会学生工作委员会委员及其学生委员名单（以姓氏笔画为序）

主 任 委 员：孟建民	**秘 书 长**：徐艳杰
副主任委员：庄惟敏　李振宁　张　颀　韩冬青	**学生委员**：党雨田　王子睿　刘　冕　周渐佳　谢媛雯
委　　　员：丁沃沃　仲德崑　孙一民　杜春兰　李保峰	王奕程　邓　源　白　雪　刘浩楠　李文爽
吴　越　沈中伟　张大玉　张伶伶　范　悦	何　韬　张　超　罗克乾　席　弘　曹晓腾
梅洪元　程世丹　雷振东　魏春雨	彭媛媛　董潇晓　颜家智
执行秘书长：丁建华	

成立大会下午，学工委组织举办了"见字如面"师生沙龙活动。丁沃沃、李振宇、杜春兰、宋晔皓、张伶伶、范悦、罗卿平、韩冬青、程世丹、雷振东（以姓氏笔画为序）共十位老师汇聚一堂，以远程直播的方式对全国各地建筑学子在求学和生活中面对的问题与人生困惑进行了现场解答，深入浅出的答案为广大学子在今后的学习、工作中提供了经验、引导了方向，受到了在场学生的热烈欢迎。

图1　嘉宾致辞（左：仲继寿秘书长；中：庄惟敏院长；右：孟建民院士）　　　图2　首届学工委委员会颁发聘书合影

图3　首届学工委学生工作部成员颁发聘书合影　　　图4　师生沙龙嘉宾发表演讲

中国建筑教育

建筑学 | 城乡规划学 | 风景园林学

2018·征订启事

《中国建筑教育》
CHINA ARCHITECTURAL EDUCATION

　　《中国建筑教育》由全国高等学校建筑学学科专业指导委员会、全国高等学校建筑学专业教育评估委员会、中国建筑学会和中国建筑工业出版社联合主编，是教育部学位中心在2012年第三轮全国学科评估中发布的20本建筑类认证期刊(连续出版物)之一，主要针对建筑学、城市规划、风景园林、艺术设计等建筑相关学科及专业的教育问题进行探讨与交流。

《中国建筑教育》

现每年出版4册，每册25元，年价100元；
预订1年（共4本，100元），赠送注年杂志1册；
预订2年（共8本，200元），赠送注年杂志3册；
挂号信寄送；如需快递，需加收运费10元/册。

《建筑的历史语境与绿色未来》
——2014、2015 "清润奖" 大学生论文竞赛获奖论文点评

　　本书是《中国建筑教育》·"清润奖"大学生论文竞赛第一、二届获奖论文及点评的结集，定名为《建筑的历史语境与绿色未来》。一方面，获奖论文显示了目前在校本科及硕、博士生的较高论文水平，是广大学生学习和借鉴的写作范本；另一方面，难能可贵的是，本书既收录了获奖学生的写作心得，又特别邀请了各论文的指导老师就文章成文及写作、调研过程，乃至优缺点进行了综述，具有很大的启发意义。

　　尤其值得称道的是，本书还邀请了论文竞赛评委以及特邀专家评委，对绝大多数论文进行了较为客观的点评。这一部分的评语，因为脱开了学生及其指导老师共同的写作思考场域，评价视界因而也更为宽泛和多元，更加中肯，"针砭"的力度也更大。有针对写作方法的，有针对材料的分辨与选取的，有针对调研方式的……评委们没有因为所评的是获奖论文就一味褒扬，而是基于提升的目的进行点评，以启发思考，让后学在此基础上领悟提升论文写作的方法与技巧。从这个层面讲，本书不仅仅是一本获奖学生论文汇编，更是一本关于如何提升论文写作水平的具体而实用的写作指导。

　　该获奖论文点评图书计划每两年一辑出版，本书为第一辑。希望这样一份扎实的耕耘成果，可以让每一位读者和参赛作者都能从中获益，进而对提升学生的研究方法和论文写作有所裨益！现《中国建筑教育》编辑部诚挚地向各建筑院校发起图书征集订购活动，欢迎各院校积极订阅！

中国建筑工业出版社出版
定价78元/本。

快递包邮；开正规发票。

征订方法： 编辑部直接订购。

联系人： 陈海娇（责任编辑）　　电话：010-58337043　　QQ：2822667140

　　　　　柳　涛（建工社发行部门）　　电话：010-58337085、13683023711
　　　　　　　　　　　　　　　　　　QQ：1617768438
　　　　　　　　　　　　　　　　　　微信号：liutao13683023711
　　　　　　　　　　　　　　　　　　淘宝店铺：搜索 "《建筑师》编辑部"

添加柳涛微信，快速下单

关注《中国建筑教育》
微信公众号，获得最新资讯